青少年灾难自救丛书

QINGSHAONIAN
ZAINAN ZIJIU CONGSHU

雾霾遮天

姜永育 编著

U0336460

四川教育出版社

图书在版编目（CIP）数据

雾霾遮天/姜永育编著. —成都：四川教育出版社，
2015. 10

（青少年灾难自救丛书）

ISBN 978-7-5408-6684-6

Ⅰ. ①雾… Ⅱ. ①姜… Ⅲ. ①空气污染－自救
互助－青少年读物 Ⅳ. ①X51-49

中国版本图书馆 CIP 数据核字（2016）第 244984 号

雾霾遮天

姜永育　编著

策　　划	何　杨
责任编辑	肖　勇
装帧设计	武　韵
责任校对	胡　佳
责任印制	吴晓光
出版发行	四川教育出版社
地　　址	成都市黄荆路 13 号
邮政编码	610225
网　　址	www.chuanjiaoshe.com
印　　刷	三河市明华印务有限公司
制　　作	四川胜翔数码印务设计有限公司
版　　次	2016 年 10 月第 1 版
印　　次	2021 年 5 月第 3 次印刷
成品规格	160mm×230mm
印　　张	8.5
书　　号	ISBN 978-7-5408-6684-6
定　　价	28.00 元

如发现印装质量问题，请与本社联系调换。电话：（028）86259359
营销电话：（028）86259605　邮购电话：（028）86259605
编辑部电话：（028）86259381

雾和霾是地球上的自然现象，它们和天上的云一样，是看得见、摸不到的东西。

这些缥缥缈缈的东西看似并不可怕，有时甚至还很美丽，但实际上，它们却是危险的杀手，特别是随着经济社会的快速发展，雾霾正越来越成为人类的大敌。

当雾霾遮天时，我们该如何逃生自救呢？下面这个在大雾中逃生的例子，也许能带给你一点启示。

2014 年 5 月的一天，湖北省神农架林区，几名驴友踉踉跄跄地在原始森林中行走着。山林里浓雾弥漫，白茫茫的雾气包裹着一切。

这些驴友来自安徽，两天前，他们从林区的天生桥区进山探险。进入原始森林后，很快就因铺天盖地的大雾迷失了方向。

浓雾已经持续了两天，可他们还没有找到下山的路。伴随着大雾，天上下起了连绵不绝的小雨，气温降到了零度以下。带的干粮已经吃完，他们又冷又饿。

如果走不出原始森林，大家只有死路一条！

面对绝境，驴友们并没有放弃生的希望。他们在森林里寻找一切可以食用的东西，蘑菇、鸟蛋、野菜、昆虫……在补充能量的同时，大家一方面努力寻找下山的道路，一方面想方设法向外求救。

在人迹罕至的深山老林里，能让他们与外界取得联系的只有手机，可是手机却没有一点信号！

"只有走到有信号的地方，我们才会有获救的机会，"领头的驴友鼓励大家说，"快走吧！"

"什么地方才有信号呀？"有人提出质疑。

"一般来说，地势低洼的地方信号差，而地势高的地方，比如山顶上的信号相对较强……"

可是在大雾笼罩下，根本分不清哪里是山顶，哪里是洼地。领头的驴友冷静分析后，带着大家摸索着找到了一条山沟。顺着山沟一直往上爬，他们终于来到了一个山头上。

在这里，手机终于有了信号，领头驴友赶紧拨打了"110"报警电话。

经过近八个小时的搜寻，救援人员终于发现了他们，而此时这些驴友已经快要冻僵了。

这几名驴友获救的经历告诉我们：第一，在野外因大雾迷路时，一定不要慌张，更不能放弃生的希望，要有活下去的勇气和信念；第二，食物断绝时，要就地寻找可以食用的东西，先保命要紧；第三，当依靠自身力量不能走出困境时，要想方设法寻求救援；第四，山区手机信号不好或没有信号时，要爬到地势高的地方去"捕捉"信号，并报警或向外界发出求救信号。

以上仅仅是大雾逃生自救的一个方面，如果你想了解更多雾和霾的逃生知识，那就赶紧翻开本书吧！

目录 CONTENTS

科学认识雾霾

雾霾来临前兆

雾霾逃生与自救

雾霾灾难警示

科学认识
雾霾

雾霾的传说

雾霾是怎么产生的呢?

我们先来看看中国关于雾霾的传说。

在中国的神话故事中,天上最大的神仙名叫玉帝,他和一帮大大小小的神仙住在天上,过着优哉游哉的日子。那时的天上没有云,地上也没有雾霾,凡人只要一抬头,就能看到神仙们在天宫里吹拉弹唱,大吃大喝。这样的日子过久了,玉帝和神仙们都有些不太自在,一是让凡人看到自己整天吃喝玩乐,影响不太好;二是没遮没拦的,让凡人随便就能看到,既有损神仙形象,又让大家很没有神秘感。玉帝思前想后,决定让自己的女儿们织些东西把天宫遮挡起来。

玉帝有七个女儿,这就是有名的七仙女。七仙女个个都是巧手,她们奉父亲之命,织出了一匹匹漂亮的彩锦,把天空遮蔽起来,并装点得绚丽多姿,这就是我们平时看到的云彩。

不过,天宫太宽广了,需要很多很多的彩锦才能遮拦住,而且这些彩锦还需随时更新。七个仙女每天不停地织啊织,她们不能休息,也不能像其他神仙一样享受节假日,累得腰都快直不起来了。一天晚上,仙女们在织锦时,不知不觉全都睡了过去。

这下可坏事了。第二天早上,玉帝一觉醒来,穿着便衣在天宫迷迷糊糊走动时,突然发现自己又暴露在了凡人们的眼前。玉帝勃然大怒,马上派人抓来了七仙女,准备好好惩罚一番。

"她们是我的女儿,我看谁敢动?"关键时刻,玉帝的老婆王母娘娘出现了。

玉帝是个"妻管严",一看老婆出来,气焰立刻短了三分,可他又有些不甘心:"她们要是不好好织锦,这天宫遮不住,咱们的隐私就都没了。"

"可你也不能把自己的女儿都累死呀,"王母娘娘气不打一处来,"这锦天天织下去,何时才是个头?"

"那你说怎么办?"

"锦是要织的,不过咱们的女儿也不能太累了,"王母娘娘沉吟了一下,想出了一个主意,"干脆把天庭神兽派下界吧,这样早晨就不用七仙女织锦了。"

天庭神兽是玉帝的坐骑,这是一只形如麒麟、会喷烟吐气的仙兽,玉帝虽然有点舍不得,但又不敢得罪老婆,不得已,他只好把神兽派下了凡界。

神兽下界之后,立刻化身为一团无形无影的气流。每天,只要天上没有云层遮蔽,它就会吐出大团大团的白气,或喷出一阵一阵的轻烟。这些白气在地面蔓延开后,很快便形成白茫茫的弥天大雾,而轻烟则形成迷蒙蒙的灰霾。雾霾遮住了大地,遮住了天空,遮住了凡人的眼睛,玉帝和神仙们终于不再担心暴露隐私了,而仙女们也享受到了正常的节假日,可是,这无边无际的雾霾却把人间坑得好苦,特别是轻烟形成的灰霾危害更大。

以上是中国关于雾霾的传说,西方传说与中国有异曲同工之妙,不过西方人认为雾霾是海怪喷吐出来的:在海洋里生活着一只大海怪,这家伙头如大斗,眼似铜铃,一张大嘴专会喷雾吐霾。它时常从海里钻出来，跑到近海一带，把整个海面弄得白茫茫一片，使得过往的船只经常触礁沉没。

当然了，不管是中国的神兽，还是西方的海怪，都只是古人的一种臆想而已。

那么，雾霾是怎么形成的呢？

雾姑娘的自述

前面咱们已经说过，雾和霾是两种不同的自然现象。现在，先来说说雾。

气象专家给雾下的定义是：空气中的水汽凝结成细微的水滴悬浮于空中，使地面水平能见度低于 1 千米。当雾气十分浓重，水平能见度不足 500 米时，称之为大雾；而当雾气较轻微，水平能见度大于 1 千米但小于 10 千米时，称为轻雾。

雾是如何形成的呢？下面咱们通过一个科学小童话，让雾自己来讲述吧。

在风光旖旎的峨眉山金顶上，一群游人正兴致勃勃地欣赏着美丽如画的风景。正当他们陶醉在醉人的风光中时，美丽的雾姑娘披着洁白的轻纱，从山脚下轻盈地来到了山顶上。

"嗨，各位好，但愿我的到来没有打扰你们的雅兴。"雾姑娘轻声燕语，向大家一一打着招呼。

"哇，真是太美了！"游人们看着如梦似幻、如诗如画的雾姑娘，一个个睁大了眼睛，赶紧拿出相机拍摄起来。

"雾姐姐，你是怎么来到山顶的呢？"游客中有一个可爱的小女孩，她歪着脑袋，睁着一双大大的眼睛问道。

"噢，你可能觉得奇怪：我没有脚，怎么会爬山，对吧？"雾姑娘笑呵呵地看着小女孩。

"是啊，雾姐姐你快给我讲讲吧。"小女孩有些着急地说。

"好吧，"雾姑娘哈哈一笑，露出洁白整齐的牙齿，"关于我的行走，人们有一句谜语这样形容：'钻树林不响，爬山坡不吭'，说的就是我来去无声，永远都不会疲劳。我不但能在平地上慢悠悠地散步，还能快速地爬上一座高山呢——因为我不是用脚行走，而是飘浮在地面上，所以从来都不会感觉累。"

"雾姐姐，那你是怎么来到人间的呀？"小女孩又提出了一个问题。

"哈，这个话题就说来话长了。我来到人间，首先是我的母亲——空气必须要有很多很多的水汽，也就是空气要达到'过饱和'状态，什么叫'过饱和'呢？这就像人吃饭吃得很饱一样。空气要达到过饱和状态，主要有几种方式，第一种方式是空气辐射降温，比如在晴朗无风的夜晚，近地面层的空气不断辐射，使得自己变得很冷，空气一冷却，里面的水汽就很快达到过饱和了。第二种是当温暖湿润的空气流到比较冷的地面或海面上时，空气也会因受冷而达到过饱和。第三种方式是冷空气流到温暖的水面上，当两者温差较大时，水汽便从水面上被蒸发出来，然后水汽又进入冷空气中，因遇冷而达到过饱和。"雾姑娘一口气说了很多。

"那空气过饱和之后呢？"小女孩迫不及待地问。

"当空气达到过饱和状态，近地面大气中又有足够的凝结核时，我便降生了，"雾姑娘笑微微地说，"你可能会问，什么是凝结核呢？凝结核在大气中到处都有，像灰尘、烟粒、盐类、杂质等等。

"噢，我明白了，"小女孩露出羡慕的神色说，"雾姐姐，你这样漂亮，人类一定很喜欢你吧？"。

"很多时候，我的出现确实给人间带来了很多乐趣和好处。比如我会把大山装扮起来，使大山变得如梦似幻，美不胜收，给人们带来视觉上的美感和享受，从而使很多旅游景区因为我的存在游客倍增。我还给人类带来了一件特殊的礼品——茶叶，在我经常出没的地方，茶叶油绿喜人，茶的品质非常好。此外，我还给一些干旱的地方送去了甘霖，在沿海的沙漠地区，不少生物都是靠我送去的水汽存活呢。不过，我有时也会给人类带来灾害，"雾姑娘话锋一转，脸上的神色也变得黯淡下来，"因为我有障眼法，我一出现，就会给交通带来严重影响，还会对航空、航海等造成灾难，此外，我还会对农业生产造成危害，我被污染后，还会给人们造成直接伤害……"雾姑娘哽咽着，说不下去了。

"雾姐姐，你不要难过。"小女孩眨巴着大眼睛，不知如何安慰才好。

"好了，小妹妹，太阳公公快出来了，我也该回去了。"雾姑娘向小女孩挥了挥手，慢慢从山林间消失了。

雾的家族大盘点

通过上面的科学小童话，相信你对雾已经有了一个初步认识，下面，咱们再去了解一下雾的家族。

雾轻灵飘逸，看似无依无靠，其实，它们是一个热热闹闹的大家族。

雾家族的老大，名叫"辐射雾"。辐射雾主要出现在秋冬季节的下半夜到清晨，日出前后最浓，太阳出来后，随着地面温度上升或者风速加快，它们就会很快消散了。光听名字就知道了，辐射雾的形成和热量辐射有关。通常情况下，太阳落山之后，白天地面吸收的太阳热量会很快辐射到空气中，如果空中有云层阻挡，大部分热量会反射回地面，这样地面便不至于变得很冷，也就不会有雾生成。但如果天空没有云或云很少，地面的大部分热量都会辐射出去，从而使地面温度大幅降低，导致近地层的潮湿空气因冷却而达到过饱和，从而形成无数悬浮于空气中的小水点，这就是辐射雾。

从外形上看，辐射雾的"身材"还算相当标准：它的"身高"（即雾的厚度）可达几十米到几百米（平均 150 米左右），但其水平范围却不大，且常零星分布，所以看起来并不显胖。不过，有时在平原上，孤立的辐射雾们常会"联合"起来，形成白茫茫一大片，从而对城市交通、水陆航运等造成较大影响。

雾家族的老二，名叫平流雾，它是暖而湿的空气流到较冷的地面（或水面）上时，逐渐冷却降温而形成的雾。冬春的北方，沿海地区的人们有时会看到一种很美的景观：漫天大雾袭来，整个城市隐隐约约，缥缥缈缈，使人恍如置身仙境之中。这种大雾就是平流雾。与老大辐射雾不同的是，平流雾一天之中任何时候都可出现，而且它必须借助适当的风向和风速才能生成，若风一直持续，它就会长久不散，所以有时海上生成的平流雾可以持续好几天。一旦风停下来，暖湿空气来源中断，雾气很快就会消失得无影无踪。

虽说只排行老二，但平流雾长得比"大哥"辐射雾高大肥壮：它的垂直厚度可从几十米至两千米，水平范围可达数百千米以上，而且强度也比辐射雾大。平流雾还有一种本领：来去突然、生成迅速，它可以在几分钟内便布满机场，因此对航空飞行安全威胁极大。

雾家族的老三名叫蒸发雾，这是一位"体形"瘦弱的小姑娘。从出生过程来看，它与"二哥"平流雾有些相似，都是空气平行流动形成的，不过，它是冷空气流到温暖水面上形成的：当气温与水温相差很大时，水面就会蒸发大量水汽，这些水汽再经过冷却凝结便形成了雾。与两个哥哥相比，蒸发雾的范围很小，强度也弱，常常发生在深秋季节早晨寒冷的湖面、河面或极地。

接下来出场的老四名叫上坡雾。顾名思义，这种雾一般出现在山区，它是潮湿空气沿着山坡上升，绝热冷却使空气达到过饱和而产生的雾。上坡雾大多在山下或山腰间便开始形成，和"二哥"平流雾一样，它的体形十分肥大，经常会覆盖较广的范围。而当它滞留在山谷间时，常常会形成美不胜收的云海。

老五名叫锋面雾，它的形成和一种天气系统——锋面密切相关。什么是锋面呢？简单来说，锋面就是冷气团和暖气团的交界面，而锋面雾，就是发生在冷暖空气交界的锋面附近，随锋面降水相伴而生的雾，所以它又有个外号叫"水雾"（或"雨雾"）。锋面雾的范围不大，浓度和厚度均较小，持续时间也不会太长，不过，它对交通运输的影响却仅次于"二哥"平流雾。

以上介绍的这五位，可以说是雾家族的重要成员，接下来，咱们再简要介绍其余的三位——

老六谷雾，和老四上坡雾一样喜欢待在山区，不过，它一般只在冬天生成，而且一出现便可以持续数天。

老七冰雾，是一种完全由冰晶组成的雾，又称冰晶雾，它一般出现于严寒地区的冬季，在地球的南北极时常可以看到它的身影。

老八名叫烟雾，它是烟和雾同时构成的固、液混合态气溶胶，这家伙虽然排名最小，但对人类的危害却最大（后面咱们还要专门介绍它）。

中国的多雾之地

弄清了雾的成因和家族，接下来，咱们一起去寻找中国雾最多的地方。

唐朝时，著名的文学家韩愈在一篇名为《与韦中立论师道书》的文章中这样写道："蜀中山高雾重，见日时少，每至日出，由群犬疑而吠之也。"这句话的意思是说，四川山高雾多，能见到太阳的时间太少了，当太阳好不容易出来后，狗们不知道那是什么东西，于是集体狂叫起来。这就是"蜀犬吠日"成语的出处。

可以说，韩大师寥寥几笔，便形象地把四川盆地雾多的特点描绘得淋漓尽致。一千多年后的今天，"蜀犬"虽然已经不再"吠日"，但四川盆地的大雾依然多得不可胜数。这到底是什么原因呢？

据气象专家解释，四川盆地之所以频繁出现大雾，首先是因为秋冬春季节，北方冷空气南下入侵四川后，由于无法向四周扩散移出，因此在下垫面上形成冷空气膜并长期维持，而在这个膜的上面 1000～1500 米外，经常会出现一个稳定的逆温层。什么是逆温层呢？咱们有必要解释一下：一般情况下，在低层大气中，气温是随高度的增加而降低的，但有时在某些层次可能出现相反的情况，即气温随高度的增加而升高，这种现象称为逆温，出现逆温现象的大气层便称为逆温层。四川盆地上空的逆温层一般厚 500 米左右，最厚时可达 1500 米以上。这个逆温层就像一个顶天立地的大锅盖，重重地罩在四川盆地上空，使得低层的水汽很难散发出去，从而为雾的形成奠定了良好的基础。其次，四川盆地冬半年的大气层结构非常稳定，导致近地层经常无风或风力很小，因而有利于雾的形成，再加上地面江河纵横，水汽充沛，因此在特殊的地形及下垫面条件下，四川盆地成为了大雾频发地区。

那么，四川盆地是不是中国雾最多的地方呢？没错，气象专家告诉我们，中国雾日最多的地方，便是位于四川盆地西南部的峨眉山。峨眉山海拔 3000 多米，唐代诗人李白诗曰："蜀国多仙山，峨眉邈难匹"，明代诗人周洪谟赞道："三峨之秀甲天下，何须涉海寻蓬莱"。确实，峨眉山风光旖旎，秀绝天下，而峨眉山最高峰金顶更是"会当凌绝顶，一览众山小"，这里遥对西康雪山，下临两千多米的深壑，立于其上，但见云雾浮沉，深不可测，令人触目惊心。这里几乎一年四季都会出现雾，特别是夏日，厚壮的云雾自山脚缓缓爬升，当其爬上金顶时，天地瞬间一片昏暗，云雾迅速将整个金顶笼罩得严严实实。据气象观测统计，金顶年平均雾日达到了 322 天，最多的年份达到了 338 天，差不多每天都有雾出现。

除峨眉山外，重庆的金佛山一年之中也有雾日 267.9 天。放眼全中国，雾日最多的地方还有长白山天池 267.1 天，福建九仙山 296.4 天，南岳衡山 254.3 天，黄山 255.4 天——但这些地方与峨眉山相比，都只是"小巫见大巫"了。

就一个地区的大雾而言，位于四川盆地内的重庆市（主城区）也赫赫有名。每年冬春季节，茫茫大雾笼罩重庆，有时一连数日不散，因此重庆也被称为"中国雾都"。据统计，一年之内，重庆的雾日平均有 103 天，最多时高达 206 天，即平均两三天就有一次大雾。因为雾日太多，重庆被列入了全球著名的七大雾都之一。

近年来，随着全球气候变化和人为污染加剧，中国其他地区的雾日也在呈增多趋势，比如北京市常会不定期出现大雾，雾和霾时常混杂在一起，使整个天空灰蒙一片，再加上北京是知名大都市，人口多，影响大，因此雾日虽然不及重庆多，但也"有幸"入选了全球著名的七大雾都之一。

世界雾都

说完了中国的多雾之地，咱们再去看看世界知名的雾都。

上面我们说了，重庆和北京分别是全球著名的七大雾都之一，那么剩下的五个雾都在哪里呢？

第一个雾都，是英国的首都伦敦市。

伦敦是英国第一大城市和第一大港，它还是全球四大国际都市之一，与美国纽约、法国巴黎和日本东京并列。由于受北大西洋暖流和西风影响，伦敦四季温差很小，空气十分湿润，因此雾日特别多，据统计，伦敦年平均雾日达94天，虽然比中国重庆的雾日少，但也算得上是一个赫赫有名的雾都。当然了，伦敦得名"雾都"并不只是这里的大雾，而是另有原因：20世纪初，伦敦家家户户都使用煤炭作为燃料，而工厂也大量使用燃煤，这些煤炭散发的烟雾和空气中的大雾混合在一起，形成了"远近驰名"的烟霞，伦敦也因此得名为"雾都"。1952年12月5日至9日期间，伦敦烟雾事件曾造成12000人死亡（关于这场灾难，咱们在后面会详细介绍）。灾难之后，英国政府大力推行《空气清净法案》，伦敦部分地区禁止使用产生浓烟的燃料。今天，这座大都市的空气质量已得到了明显改观。

第二个雾都，是英国北部城市爱丁堡。

爱丁堡是苏格兰首府，位于苏格兰中部低地、福斯湾的南岸，面积达 260 平方千米。很多人都知道雾都伦敦，其实，爱丁堡作为雾都的历史比伦敦悠久得多，它也因此被人们称为"老雾都"。爱丁堡多雾，主要是受气候影响：一年四季，只有夏季天气晴好，其他三个季节的雨雪天气都较多，当雨雪来临时，大雾也随之产生，当地因而时常被雾气和阴霾所笼罩。

第三个雾都，是日本首都东京。

东京位于日本本州岛，它与周围众多城市一起构成了全世界人口最多的都市区。东京被称为远东雾都，年平均雾日有 55 天。东京多雾，可以说一半来源于气候因素，一半来源于工业污染：东京属亚热带季风气候，降水充沛，水汽条件充足，再加上地形作用，特别有利于雾的形成；东京地区人口众多，工业发展很快，人类活动制造的污染源进入雾中形成雾霾，也使得雾日增多。

第四个雾都，是土耳其首都安卡拉。

安卡拉是一座历史悠久的古城，位于小亚细亚半岛阿那托利亚高原的西北部，素有"土耳其的心脏"之称。安卡拉是西亚著名的"雾都"，与伦敦、东京一样，这里的雾也是由于气候因素和工业污染共同造成的，因此有这样一句戏言："50 年代雾都在伦敦，70 年代雾都在东京，现在雾都在安卡拉。"据统计，安卡拉一年之中大约有 80 多天大雾弥漫，冬季这里的雾更是特别厉害：有时从早至晚，全城都笼罩在灰褐色的云雾中，行人不得不用头巾、围巾捂着嘴，而汽车则像蚂蚁般慢慢朝前爬动，到了傍晚，这里的雾更加浓重，有时 5 米以外几乎看不清人。雾霾严重的时候，人们难以忍受烟雾的刺激，只好躲在室内不外出活动。

第五个雾都，是美国城市旧金山。

旧金山是美国加利福尼亚州太平洋沿岸港口城市，美国西海岸重要的商贸金融中心，位于太平洋与圣弗朗西斯科湾之间的半岛北端。与伦敦、东京等雾都相比，旧金山显得更加名副其实，因为这里的雾与伦敦等地的完全不一样：伦敦等地的大雾有气候因素，

也有工业污染，而旧金山的大雾，则是完全出于自然气候因素，由于两大洋流在加利福尼亚州附近海域交汇，丰沛的水汽和稳定的天气条件为旧金山市带来频频大雾，因为这是自然之雾，因此更具有浪漫迷人的色彩，著名的"雾中金门"每年都会吸引全球各地的游客前往欣赏。

通过上面的介绍，咱们可以得出这样的结论：全球七大雾都之中，重庆、旧金山和爱丁堡的雾主要是自然气候因素形成，因此这三个地方称得上是名副其实的雾都，而伦敦、东京、安卡拉和北京的雾既有气候因素，也有人为污染，所以它们更应被称为"雾霾之都"。

黑竹沟怪雾

大自然中的雾隐隐约约，缥缥缈缈，一直以来都带给人类神秘和诡异感，而在某些地区，频繁出现的雾甚至会令人望而生畏，这种雾，我们称之为怪雾。

下面，咱们去看一个怪雾的典型代表——黑竹沟怪雾。

黑竹沟，位于中国四川乐山市的峨边彝族自治县境内，面积约180平方千米，当地人称为"斯豁"，意思是死亡之谷。黑竹沟以其

新、奇、险的特点，吸引着为数众多的摄影家、科学家组成的考察队深入其中探险揭秘。这里地理位置特殊，自然条件复杂，生态原始，曾出现过数次人、畜进沟神秘失踪的事件，有人说它是"恐怖魔沟"，有人称它是"中国的百慕大"。人们一说起黑竹沟，就会谈虎色变。

黑竹沟曾经发生过多起神秘的失踪事件：1950年，国民党胡宗南残部30余人，仗着武器精良穿越黑竹沟，入沟后却无一人生还；1955年6月，解放军某部测绘队派出两名战士购粮，途经黑竹沟失踪，后来只发现二人的武器；1991年6月24日黄昏，神秘的黑竹沟突然浓云密布，林雾滚滚，大有遮天蔽日之势，川南林业局设计工程小队的7名队员、17名民工集体失踪于黑竹沟，幸而由于发现早，寻找及时，这24人历尽艰难最后重返家园；1976年，四川森林勘察第一大队3名队员失踪于黑竹沟，发动全县人民寻找，三个月后只发现三具无肉骨架……据不完全统计，自1951年以来，川南林业局、四川省林业厅勘探队、部队测绘队和当地人曾多次在黑竹沟遇险，其中造成3死3伤，2人失踪。

黑竹沟还曾经发生过多起信鸽迷路现象：2007年5月1日，黑竹沟风景区管理人员潘松、张帆正在沟口散步时，突然发现两只鸽子从天空坠落，他们找来食物和水喂了鸽子，但鸽子仍不飞走，而是在沟口一圈又一圈盘旋，持续了整整一周，几天后，峨边县信鸽爱好者易小辉、陈仁亮在黑竹沟沟口放飞了4只信鸽，但只有一只鸽子飞回17千米外的家，其余至今踪影杳然。

那么，是什么原因导致人进沟后失踪呢？很多原因至今还是个谜。但据分析，这些失踪事件与当地频频出现的"怪雾"有着千丝万缕的联系。

山雾，是黑竹沟最大的特色，这里经常迷雾缭绕，浓云紧锁，使沟内阴气沉沉，神秘莫测。黑竹沟的雾千姿百态，变化诡异：清晨紫雾滚滚，傍晚烟雾满天。遮天蔽日的雾时近时远，时静时动，忽明忽暗，变幻无穷。

有人分析，人畜入沟失踪死亡的原因，迷雾造成的可能性很大：

人若进入深山野谷的奇雾之中，地形不熟，若浓雾数天不散，方向无法辨别，是很难逃脱死亡谷的陷阱的。当地因此有这样的顺口溜：石门关，石门关，迷雾暗沟伴

保潭；猿猴至此愁攀援，英雄难过这一关。

那么，黑竹沟一带为什么会频频出现"怪雾"呢？气象专家分析指出，黑竹沟"怪雾"其实并不怪：整个黑竹沟面积约 180 平方千米，它是四川盆地与川西高原、山地的过渡地带。境内重峦叠嶂，溪涧幽深，海拔从 1500 米到 4288 米不等。这里古木参天，箭竹丛生，奇花怒放，异石纵横，山泉奔涌，而天气更是复杂多变，阴雨无常。由于当地降雨充沛，湿度极大，再加上海拔较高，植被茂盛，昼夜温差较大，因而黑竹沟一带常出现天空阴沉、迷雾缭绕的景象。而雾一旦形成后，由于当地地形闭塞，空气流动不畅，无风或微风的时间很长，因而浓雾长时间持续不散。在大雾的笼罩之下，进入其间的人畜会辨不清方向，因此也就无法走出山沟了。

鸟儿自杀之谜

接下来，咱们再讲讲与雾有关的怪事。

2006 年初冬，在北方某市的一个海滨轮渡工地上，发生了一件怪事：这天清晨，一群民工早起去工地上班，刚刚走到楼底下，忽然发现地面上密密麻麻地躺满了鸟儿尸体，看上去黑乎乎一片。大家惊讶

不已，有人仔细数了一下，死鸟大概有两百只。"呀，这些鸟儿怎么啦？""该不会要发生什么灾难吧？"大家议论纷纷。消息传开后，当地鸟类救护站的工作人员匆忙赶到事发地，一到现场，他们也被眼前的景象惊呆了。

如此众多的鸟儿死于非命，让工作人员感到既心疼，又吃惊。他们对死鸟进行品种对比后发现：这些死鸟形体不同，品种不同，但都是候鸟。工作人员推测，它们应该是整装待发准备飞往南方时，突然折翅死在这里的。可是，鸟儿们为何突然死亡呢？工作人员百思不得其解。

工地上的死鸟被清除之后，民工们照常开工干活，随着时间推移，大伙很快便把这事抛到了脑后。可是第二天一早，大家来到工地时，赫然发现地上又躺着一层鸟儿尸体。这天的死鸟虽然不如昨天多，但细数下来也有一百多只。第三天一早，这样的情形再次出现。这下，工地上的所有人都害怕了。有人觉得是工地的磁场影响了鸟儿，有人担心当地会发生大地震之类的灾难，更有一些迷信者宣称是鬼神在作祟。鸟类专家来考察之后，开始怀疑是高致病性禽流感袭击了候鸟群。不过，附近几个村庄的鸡、鸭、鹅都活蹦乱跳，没有任何发病的迹象，而解剖鸟儿尸体时，也没有发现瘟疫症状。根据鸟儿的死亡时间等诸多因素进行分析，专家还得出了一个令人惊讶的结论：这些鸟是撞墙而死的！

好端端的鸟儿为何要集体撞墙自杀呢？经过专家们仔细观察和分析，后来终于弄明白了其中原因：是大雾、灯光和蓝色的墙壁共同谋杀了这些可怜的鸟儿。

原来，每年初冬这里的大雾都十分频繁，特别是轮渡工地所处的这个海滨，从夜间开始到次日上午，常常会生成弥天大雾。鸟儿们"自杀"的这段时间，恰好是它们准备长途迁徙"搬家"到南方的时候。深夜，大雾开始笼罩整个轮渡口，渡口上白雾茫茫，能见度奇差，就在此时，成群的飞鸟拍打着翅膀，准备飞越茫茫海峡。但是，在岸上强烈灯光的照射下，白雾缥缥缈缈，隐隐约约，很快让飞鸟们迷失了方向。没有了方向感的它们在雾中东一头西一头乱撞，越闯越没出路，越没出路越发慌乱。这时，前方忽然出现了一小片蔚蓝色的天空——这是工地上一幢三面涂成蔚蓝色墙壁的大楼，在雾气和灯光的晕染下，它看上去太像蔚蓝的天空了。于是，这些慌不择路的鸟儿争先恐后地疾飞过去，结果全部重重地撞到了墙壁上，糊里糊涂地送了命。

弄清楚鸟儿自杀的原因后，专家建议工地把墙体改涂成了别的颜色，同时将高杆灯的光线调暗，从那以后，再也没有大批鸟类死亡现象发生了。

大雾导致鸟儿迷失方向的怪事，在东北的大连市也曾经发生。这次被大雾弄晕的，是一群智商很高、体态优雅的白天鹅。2016 年 3 月 3 日下午17 时许，大连一位姓刘的市

民给电视台打电话报料称，在该市老虎滩海洋公园的海湾内，有 50 多只白天鹅正在大雾中游动。由于老虎滩海湾过去从未出现过白天鹅，现在罕见地一次出现了 50 多只，这令电视台记者十分兴奋，他们立马赶了过去。到达现场时，只见海面上大雾弥漫，记者透过浓雾仔细观察，海湾内果然有一群白天鹅若隐若现，它们距离岸边约有 150 米，看上去悠闲而又自在。这些白天鹅为何会飞到老虎滩海洋公园的海湾内呢？据鸟类摄影爱好者分析，这些白天鹅很可能是因大雾迷失方向的：当天下午，大连市及其周边地区大雾弥漫，能见度很低，白天鹅们飞到这里后找不到前进方向，于是只得在海湾内停下来"歇脚"，一旦大雾散去，它们就会很快飞走。

果然，第二天一早大雾消散后，记者和鸟类爱好者来到老虎滩时，白天鹅们早已消失得无影无踪了。

都是大雾惹的祸

现在，咱们来说说大雾的影响。

大雾对人类的直接影响，主要体现在交通运输上。

2003年1月8日，土耳其东南部的迪亚巴克尔机场，一架从伊斯坦布尔飞来的飞机正要降落时，飞行员发现机场上大雾弥漫，根本看不清跑道在哪里。原来，最近迪亚巴克尔地区一直被大雾困扰，本周早些时候从这里起飞的部分班机也因此被取消。飞行员本想到其他地方降落，可是燃料已经不多，他只得凭着丰富的飞行经验，小心翼翼地试图降落。但大雾实在太浓密了，地面上的一切都被乳白色的雾气笼罩得严严实实，飞机一直找不到降落的地点。在机场上空盘旋许久，眼看燃料越来越少，飞行员只好硬着头皮，驾驶飞机向印象中的跑道一头扎了下去。

着地之后，飞行员才知道大事不妙：飞机偏离了方向，不可控制地向机场外冲去。尽管使出了浑身解数，但最后飞机还是在偏离跑道三、四十米的地方坠毁，机身断裂成三截，并引发了冲天大火。事发后，救护车、消防队和军用直升机立刻赶到现场进行救援工作，但由于火势很大，再加上浓雾弥漫，救援工作十分困难。最后，飞机上只有5人侥幸逃生，其余75人则不幸遇难。

无独有偶。1996年6月21日，哈尔滨某航空公司的一架飞机在飞行时，突然遭遇了浓密的大雾。雾气把整个天地笼罩得严严实实，飞行员驾驶飞机奋力穿行，好不容易才从大雾中钻出来，不料却一头撞在了一座山包上，副驾驶员当场死亡，机长送医院后也死亡，机上另有8人重伤，2人轻伤。

专家指出，大雾天气对航班飞行的影响不可估量，特别是范围宽广、厚度大的平流雾，会严重妨碍航班的起飞和降落：当机场能见度低于350米时，飞机就无法起飞；低于500米时，飞机无法降落；低于50米，飞机则连滑行都无法进行。国内外航空史上，都曾发生过飞机在大雾中滑行相撞造成严重后果的事故。

除了影响飞行安全，大雾对陆路交通的危害也甚为严重。

清晨，白色浓厚的雾像幽灵般游荡在高速公路上。浓雾弥漫，视野之内只能看到几米的距离。在高速公路上行驶的汽车摸索着前进，突然前面出现了一辆"抛锚"的货车，可刹车已经来不及
了，汽车重重地撞向货车尾部，被迫停了下来，紧接着，后面的车一辆接一辆地撞在一起……据统计，在高速公路上，因雾等恶劣天气造成的交通事故占到了总事故的四分之一，大雾天发生交通事故的概率比平常要高出几倍，甚至几十倍，因浓雾造成几十辆车辆连续追尾的事故屡见不鲜，损失惨重。

下面，让我们一起去看看近年来，因雾造成的触目惊心的交通事故：

2000年9月4日6时，北京到沈阳的高速公路上突然出现一团大雾，汽车司机们措手不及，导致一起重大车辆追尾事故发生，共有近百辆汽车首尾相撞，其中34辆车受损严重，5人死亡。

2013年11月22日，因浓雾天气影响，安徽省六安至合肥高速公路江淮运河大桥段发生几十辆车连环相撞，并燃起熊熊大火，火焰高约5层楼，浓烟遮天蔽日，现场一度陷入"黑昼"。事故共造成5人死亡，80人受伤。

2015年12月8日9时，因大雾天气和前一天降雨路面结冰，山西太原至长冶高速襄垣王村高架桥段发生 33 车连环相撞，造成 6 人死亡，多人受伤。

除了影响高速公路，大雾还对水上交通影响极大。2000 年 6 月 22 日，四川省合江县的"榕建号"客船行驶在长江上。此时江上浓雾弥漫，"榕建号"像瞎子般穿行雾气之中，船行到江心时，由于冒雾航行和违章操作，船体突然倾入江中，造成 130 人死亡，酿成了震惊全国的翻船事故。

揭开霾的神秘面纱

介绍过雾之后，咱们再来说说本书的另一个重要角色——霾。

天空灰蒙一片，地面能见度降低，整座城市犹如笼罩在一张灰色的大网中，令人心情压抑，身体感觉不适……这就是霾出现时的场景。近年来，随着人类社会的快速发展，越来越多的城市受到霾的影响，尤其是特大城市更为严重，有人甚至用"十面霾伏"来形容霾天。

那么，霾到底是什么呢？让我们一起来揭开它的神秘面纱。

霾又叫阴霾或灰霾，气象学上称为大气棕色云，而香港天文台则称其为烟霞。与雾一样，霾也是有颜色的：它一般呈乳白色，在其"围裹"下，近处的物体颜色会大大减弱，而远处的光亮物体微带黄、红色，黑暗物体则微带蓝色。霾看得到摸不到，就像幽灵般飘浮不定，不过，人类通过先进仪器监测发现，这些乳白色的气团其实是悬浮在大气中的大量微小尘粒、烟粒或盐粒的集合体，这其中，又以灰尘颗粒为核心物质（气象学上称为气溶胶颗粒）。一般情况下，这些微粒很小很小，人类的肉眼看不到，它们均匀地飘浮在空中，使整个空气十分浑浊，水平能见度普遍降低到 10 千米以下。

根据相对湿度和水平能见度大小，霾又被人类分成了以下四个等级：

轻微霾，空气相对湿度小于等于 80％，能见度大于等于 5 千米且小于 10 千米；

轻度霾，空气相对湿度小于等于 80％，能见度大于等于 3 千米且小于 5 千米；

中度霾，空气相对湿度小于等于 80％，能见度大于等于 2 千米且小于 3 千米；

重度霾，空气相对湿度小于等于 80％，且能见度小于 2 千米。

从以上的等级分类我们可以看出，当中度或重度霾笼罩着城市时，那该是一种多么可怕的情景！

霾作为一种自然现象，它是如何形成的呢？专家告诉我们，霾的形成既有天气方面的客观因素，也有人类活动影响的主观因素。

首先，我们来看看天气方面的因素。与雾的形成一样，霾的形成与一个天气系统——逆温层关系很大。前面我们已经讲过，逆温层就好比是一个大锅盖，它严严实实地覆盖在城市上空。正常天气条件下，近地面的尘粒、

烟粒等等污染物，是从气温高的低空向气温低的高空扩散，并逐渐循环排放到大气中去。可是在"大锅盖"的笼罩下，城市高空的气温比低空更高，这样污染物便不能及时排放出去了，从而为霾的形成奠定了基础。其次是人为活动的影响。这个影响有两方面，一方面随着城市建设的迅速发展，摩天大楼越建越多，越建越高，使得城市中出现了大片"人造森林"。我们都知道，自然界中的森林会阻碍风的流动，而人造森

林比起自然森林来毫不逊色。这些林立的高楼使风流经城区时风力明显减弱，从而使得城里经常出现静风天气，很不利于大气污染物向城区外围扩散稀释，并容易在城区内积累高浓度污染。人类影响的另一个方面是直接造成空气中的污染物增多。近年来，随着工业和城镇化发展，污染物排放和城市悬浮物大量增加，这些细小颗粒物停留在大气中，当逆温、静风等不利于扩散的天气出现时，令人讨厌的霾便出现了。

从霾的形成过程，咱们可以得出这样的结论：人类活动是霾天增多的主要原因，因此可以说，霾正是人类自己制造、自我吞咽的一大苦果。

霾里都有啥

霾是由空气中的细小颗粒物形成的，这些微小家伙大多是污染的产物，本身具有一定的毒性，所以当霾笼罩整座城市时，人体往往会感到很不舒服。

下面，咱们就去看看这些有毒的细小颗粒物都是些啥东西。

在这之前，咱们首先去了解一个广为人知的术语：PM2.5。现在，只有要一看到灰蒙蒙、脏兮兮的天气，人们就会去了解当天 PM2.5 的数值。那么，什么是 PM2.5 呢？PM，英文全称为 Particulate Matter，即颗粒物的意思。大气中颗粒物有大有小，根据直径大小，可分为 PM10、PM2.5、PM1、PM0.5、PM0.1 等，"PM2.5" 就是直径小于等于 2.5 微米的颗粒物。

这里需要明确的是，PM2.5 并非霾的"代名词"，两者不是对等关系，而是包含关系。确切地说，PM2.5 只是构成霾的主要"原材料"之一。PM2.5 对霾的形成有促进作用，而霾又能进一步加剧 PM2.5 的积聚，所以两者往往相互作用，"狼狈为奸"弄脏我们的空气。

好了，接下来就仔细说说霾吧。

首先要提到的是汽车尾气。你可能会说：汽车能喷出多少尾气呀？没错，一辆汽车是不会喷出多少，但 10 辆、100 辆、1000 辆、10000 辆……成千上万辆汽车来来往往，早晚川流不息，它们喷出的尾气加起来，你算算，这是一个多么庞大可怕的数字！专家指出，机动车的尾气正是城市中霾颗粒组成的最主要成分，以北京市为例，根据最新数据显示，北京霾颗粒中机动车尾气约占 22.2%，在整个污染物中占绝大多数。这其中的罪魁祸首，是使用柴油发动机的大型车，包括大型运输卡车、大型公交车、各单位的班车等。一股股浓重的黑烟从这些汽车的尾气管里排放出来，在空气中越积越多，为"霾伏"奠定了扎实的基础。除大型汽车外，使用汽油的小型汽车也不可小视，现在城市中的小汽车越来越多，像北京、上海、广州等特大城市，小汽车的拥有量动辄便是上百万，这些小型车虽然排放的是气态污染物，但如果碰上雾天，很容易便转化成为二次颗粒污染物，所以它们也是制造雾霾天气的"凶犯"。

接着要提到的是煤炭燃烧后产生的废气。在中国的北方地区，每到冬季都会烧煤供暖，特别是大城市，整个冬季会烧掉大量煤炭。学过化学的人都知道，煤炭燃烧会产生大量的二氧化硫。二氧化硫是一种无色透明的气体，具有刺激性臭味，它们一旦在无风的静稳天气不能扩散出去，就会与其他污染物一起形成霾——如果冬季来到北方，一下飞机准会嗅到一股刺鼻的煤烟味，它们就是煤炭废气形成的霾。

第三种细小颗粒，是工业生产排放的废气。在许多重工业城市，工厂林立，一座座锅炉和烟囱每天不知疲倦地吞吐废气。这类废气种类繁多，它们既包括冶金、窑炉与锅炉、机电制造业所产生的废气，也包含大量汽修喷漆、建材生产窑炉燃烧排放的废气。

第四种细小颗粒，是建筑工地和道路交通产生的扬尘。君不见，现代城市中高楼拔地而起，建筑工地随处可见，这些地方整天乌烟瘴气，灰尘滚滚，再加上城市中成千上万的汽车行驶产生的灰尘，它们累积在一起，只要无法扩散出去，就会成为霾的主力军。

第五种细小颗粒，是细菌和病毒。这是两个要命的家伙，霾之所以会传播疾病，令人身体感到不适，最主要的原因就是有它们的存在。据专家介绍，细菌和病毒的微粒直径虽然十分微小，但它们都是可再生的微生物，也就是说当空气中的湿度和温度适宜时，它们就会附着在颗粒物上（特别是油烟的颗粒物上），拼命吸收油滴后转化成更多的微生物，从而使得霾中的生物有毒物质成倍增长。

第六种细小颗粒，是家庭装修中产生的粉尘。近年来，城市中修建了很多住宅房，这些房屋在进行装修时，常常粉尘弥漫，油漆味浓郁，粉尘和油漆分子飘散到大气中，也会成为霾的一分子。

以上六种细小颗粒，可以说正是形成霾的主要"原材料"，这其中，汽车尾气、煤炭废气、工业废气和扬尘是"主力军"，而细菌、病毒和粉尘虽然力量薄弱，但毒性更强，所以也应引起人类的高度重视。

火山喷发形成霾

什么，火山喷发和霾也有关系？

没错，形成霾的"原材料"除了人为制造外，大自然也会制造，而火山喷发可以说是其中的"重刑犯"。

咱们还是通过具体的事例，来看看火山灰霾的严重危害吧。

1783 年，冰岛南部的拉基火山突然喷发，并持续了整整 8 个月。火山喷出的氟气以氢氟酸形式降落到冰岛陆地上，强烈的酸性使大量牲畜死亡，冰岛一半的马和牛、四分之三的羊死亡。火山喷射的火山灰和二氧化硫气体还漂洋过海，造成欧洲大陆大部分地区烟雾弥漫，甚至叙利亚、西伯利亚西部的阿尔泰山区以及北非都被涉及。1783 年的夏天，重灾区欧洲的天空被厚厚的火山灰云笼罩，形成了厚重的灰霾，导致高温热浪一波接一波出现，数千人因此丧命。

炎热的夏季之后，灰霾依然笼罩着大地，由于地面吸收不到阳光，导致北半球出现了漫长而寒冷的冬季，许多地区寒风呼啸，大雪飘飞，成千上万人在饥寒交迫中死去。据统计，拉基火山喷发的这一年，北半球大部分地区的温度较往常低 4～9 摄氏度，而西伯利亚和阿拉斯加更是经历了 500 年来最冷的夏季，农作物大量减产，可怕的饥荒到处肆虐。这次火山喷发，全世界死亡人数超过了 200 万人，成为了历史上最大规模的自然灾难。

1815 年，印度尼西亚松巴哇岛上的坦博拉斯火山喷发时，也制造了恐怖的灰霾灾难。该年的 4 月中旬，随着一声巨大的爆炸声响，人类历史上最大规模的火山爆发了，火山灰瀑布般倾泻到松巴哇岛及附近岛屿上，超过 1000 亿立方米的岩浆、碎屑和火山灰被抛到空中，造成 92000 人当场死亡。

然而，比火山喷发更可怕的，是随之而来的灰霾灾难：火山灰弥漫到世界多个角落，导致很多地方出现了严重灰霾天气，太阳光线被遮挡，全球气温出现了异常下降，1815 年也因此被称为"没有夏日的年份"。由于低温寡照，农作物歉收，松巴哇岛上有一万多人被活活饿死，巴厘岛上也有近 5000 人死于饥荒，而远在万里之外的北美和欧洲也都发生了严重饥荒。该年英国的气温比常年下降了 2～3 摄氏度，农作物产量下降明显，农民生活受到很大影响，爱尔兰和威尔士均发生了饥荒。北美洲在该年农作物歉收，家畜死亡，导致了 19 世纪最严重的饥荒。

作为北半球的国家，中国也多次遭受过火山灰霾的影响和威胁。

1991 年 6 月 15 日，菲律宾的皮纳图博火山出现了爆炸式大喷发，喷出了大量火山灰和火山碎屑流，造成当地 1200 多人死亡，同时还向高空喷射了两千万吨二氧化硫。这些二氧化硫与遮天蔽日的火山灰尘埃一起，减少了地球上百分之十的阳光，使得全球气温降低了 1 摄氏度，导致地球进入了两年的火山灰冬天。1992 年 4 月，中国北京、郑州等地的晴天太阳辐射明显减弱，部分地区灰霾天气增多——你可以想象：这场火山喷发的能量有多强！

专家告诉我们，一旦火山喷发，喷入大气中的火山灰和二氧化硫气体就会形成厚厚的灰霾，并像遮阳伞一样，把射入地面的太阳光线遮住，导致地面温度降低，对农作物生长造成严重影响，从而给人类带来饥荒等灾难。

森林火灾助 "霾伏"

大自然中，还有一个制造霾的坏家伙，这就是森林火灾。

森林火灾会产生大量的烟雾微颗粒。如果说火山喷发形成的是灰霾，那么森林火灾形成的就是烟霾。

下面咱们去看看森林火灾中的烟霾事例。

2010 年，由于高温热浪肆虐，俄罗斯全国共发生了 2.65 万起森林火灾。熊熊大火令人恐怖，而遮天蔽日的烟雾更是令人窒息。截至当年 8 月上旬，俄罗斯的火灾面积达到了 1935 平方千米，死亡人数超过 50 人，特别是首都莫斯科周边的森林火灾，制造了铺天盖地的烟霾，给人们身心健康造成了严重影响。

从 8 月 5 日傍晚开始，莫斯科被周边持续的森林大火产生的烟雾完全笼罩。市区上空，厚重的烟雾遮天蔽日，地面能见度仅数十米，即使是中午时分，天色也如同黄昏一般，大街上行人稀少，车辆只能缓缓前进；空气中，弥漫着一股刺鼻的焦糊味，人们感到呼吸困难，胸闷咳嗽，眼睛刺痛，不少人更是眼泪长淌；医院里，挤满了被烟雾呛出毛病的人。在烟霾笼罩下，莫斯科的空气质量越来越差，悬浊颗粒含量超标两倍，而一氧化碳的浓度更是超出允许范围近 3 倍。为了防止呼吸道受损，人们掀起了抢购棉纱口罩与防毒面罩的热潮，各药店前排满了长队，出现了一罩难求的现象。由于烟雾持续弥漫，在莫斯科工作的部分外国人再也待不下去了，德国驻俄大使馆和驻莫斯科领事部暂停工作，奥地利、波兰和加拿大驻俄使馆的部分外交官及其家属紧急撤离，美国、法国和保加利亚赶紧发出通知，提醒本国公民谨慎前往俄罗斯宣布实施灭火紧急状态的地区。

同样的烟霾灾难，在东南亚也频频出现。2014 年 3 月 19 日，印度尼西亚廖内省珀拉拉万发生森林大火，形成滚滚浓烟。烟雾在风力作用下向马来西亚、新加坡等邻国蔓延，在"异国他乡"形成浓重烟霾，

令当地人苦不堪言，许多民众不得不戴口罩出行。2015 年 9 月上旬，印度尼西亚再次发生森林大火，大火持续到 9 月中旬，在暖湿空气影响下，浓烟与早晚形成的雾气结合在一起，形成了十分可怕的雾霾天气，造成至少 14 万印尼民众患上呼吸道疾病，印尼政府不得不宣布本国苏门答腊岛的廖内省进入紧急状态。而在邻国马来西亚，受烟雾制造的雾霾天气影响，大部分地区空气污染指数超标，马来西亚教育部不得紧急下令，要求受雾霾影响地区的学校全部停课。而具有"花园城市"之称的新加坡，也在这次灾难中无法独善其身，由于持续多日被雾霾笼罩，空气质量受到极大影响，新加坡的民众连续两周来都只能戴着口罩出门。

专家指出，森林大火产生的烟雾与火山喷发的火山灰一样，是自然界中霾形成的两大主要因素，为了减少此类"霾伏"，我们平时应积极防御森林火灾；当森林火灾发生时，可能遭受影响的地区要提前做好防烟霾准备。

恼人的秸秆雾

烟雾除了来源于森林火灾，还有许多是人类自己制造的。

人类制造的烟雾，最典型的莫过于秸秆雾。

秸秆雾，就是焚烧秸秆后产生的烟雾。专家指出，秸秆燃烧会产生大量烟尘，如果空气中水汽条件充分，这些烟尘就会与水汽结合形成烟雾。在地形相对封闭的地区，由于风力微小，空气对流不旺，加之上空有逆温层，烟雾会较长时间存在，对人的身体健康和农业生产造成较大影响。

中国的四川盆地，过去时常遭受秸秆雾影响：每年的 4 月下旬至 5 月初，正是成都平原小春收获的季节，成千上万亩油菜、小麦收割后，农田里遗下了堆积如山的秸秆，每到傍晚，农民们便开始焚烧秸秆，从而形成铺天盖地的烟雾。为何要焚烧秸秆呢？据了解，农民焚烧秸秆的原因有二：一是川西农户有焚烧秸秆作为肥料的传统习惯；二是虽然有一些企业可以收购秸秆进行加工，但是收购价格很低，所以部分农户认为不如烧了省事。因此，每年4月至5月的这段时间，成都周边都会出现焚烧秸秆的现象。近年来，成都市出台法规明令禁止焚烧秸秆，这种现象才得到了遏制。

秸秆雾形成后，就会浩浩荡荡向城市进发，令人口稠密的市区苦不堪言。如2005年5月初，秸秆雾使得成都市区上空烟雾弥漫，大街上气味十分刺鼻，让人感到窒息、胸闷。一些小孩因为受烟雾影响，咳嗽不停，不得不送到医院治疗；喜欢晨练的人早晨锻炼时也感到胸闷、喘不过气来。烟雾锁蓉城，还给航空、交通带来极大隐患。该年的5月10日凌晨6时，成都双流机场突然被一场来历不明的秸秆雾笼罩。仅仅几分钟时间，机场能见度便从1500米迅速下降到仅有数百米，机场不得不临时关闭，导致十多架航班延迟起飞。因烟雾袭扰，这天上午，从成都通往雅安、绵阳、南充等地的多条高速公路出行受到很大影响，大批车辆不得不减速缓行，甚至还发生了一起十多辆车追尾的交通事故。

秸秆雾袭扰事件在南京也出现过。2013年6月10日晚21时许，南京市区多地灰蒙一片，水平能见度普遍下降，空气中有一股刺鼻的味道。随着时间推移，刺鼻气味越来越浓，能见度也下降得很厉害。不明烟雾引起了市民们的恐慌，纷纷要求相关部门采取措施堵住"烟雾源"。据环保部门调查，当天下午17时前，南京市空气质量一直处于优良的正常水平，但到晚上 21 时许，市区自北向南的大气颗粒物浓度突然明显上升，一个小时后，主城区颗粒物平均浓度超过 300 微克每立方米，伴之而来的是全市大面积的烟霾出现，当晚 23 时，空气质量指数最高值达 410，瞬时值达重污染程度。与此同时，空气监测中的秸秆焚烧另两项特征污染物炭黑和钾离子浓度也显著升高——据此表明，当晚烟霾污染团突袭南京，系外地秸秆焚烧所致。

在印度尼西亚，每年的"烧芭"也是制造秸秆雾的一大恶行。"烧芭"原义是指焚烧芭蕉树，现今是指山民在茂密的热带雨林中放一把火，把植物覆盖地烧出一块空地以用于耕作，植物燃烧的灰烬则作为天然肥料。旱季，每当农夫和农业企业"烧芭"时，烟雾便大肆横行，在风力作用下，烟雾穿过马六甲海峡和南中国海，在马来西亚、新加坡等国登陆，给当地带来无穷无尽的困扰。1997 年有段时期，烟雾污染尤其严重，据估计相关经济损失达到了 90 亿美元，引发了整个东南亚地区的声讨。

灰霾四宗罪

前面说了那么多，现在咱们来盘点一下霾对人类的危害。

总体来说，霾有四宗罪状。

第一宗罪，危害人体健康。

2005 年初春，广州地区遭受了灰霾的长时间侵袭，2 月，灰霾天气达到了最高点。在长达数十天的时间里，广州市的天空都是灰蒙一片。灰霾天气造成了医院门诊病人大幅增多，病人大都是呼吸道疾病、脑血管疾病、鼻腔炎症等病症。2006 年元旦前后，山西各地遭灰霾袭击，灰蒙天气持续时间长达一周以上。元旦三天假期，山西省城医院的呼吸科门庭若市，许多患呼吸道疾病的病人前来就诊。

专家指出，灰霾的组成成分包括数百种大气颗粒物，其中大部分可被人体呼吸道吸入，尤其是一些颗粒物会沉积在上、下呼吸道和肺泡中，引起鼻炎、支气管炎等病症，如果长期处于霾笼罩的环境下，还可能会诱发肺癌。此外，灰霾还会遮挡阳光，导致近地层紫外线减弱，而紫外线是人体合成维生素 D 的唯一途径，因此紫外线辐射的减弱会导致小儿佝偻病高发。另一方面，紫外线还是自然界中杀灭大气微生物（如细菌、病毒等）的主要武器，因此灰霾天气导致近地层紫外线减弱，就会使空气中的传染性病菌活性增强，导致传染病增多。

灰霾的第二宗罪，影响人的心理健康。

2006 年 10 月，深圳市迎来了一年中最美好的金秋时节，然而，当地的民众却怎么也高兴不起来：本该是阳光灿烂、天气晴好的日子，却被灰霾天气笼罩得黯然失色。当灰霾持续到第 31 天时，许多市民难以忍受这种灰蒙天气，纷纷致电相关部门，询问灰霾何时结束。2009 年 2 月，广州草木泛青，万物开始复苏生长，这本应是一年中最富有生机的日子，但糟糕的空气质量，却让这个生机勃勃的早春时节蒙上了一层愁云惨雾。不仅如此，灰蒙蒙的空气还影响着人们的身体健康，也逐渐吞噬着人们心灵的一点明媚。

专家指出，在长期看不到阳光的雾霾天气里，人的心理健康很容易出现问题。面对灰蒙蒙的天气，有人会感觉害怕和恐惧，有人会感到焦虑和烦躁，有人则心情

变得很低落，会感到不舒服、不快乐或不幸福……某心理健康教育与咨询中心曾开展过一次针对雾霾天气影响人的心理状态情况的调查，

结果显示，雾霾天气对大部分人的心理状态都会造成影响。其中，48.65％的人会感到害怕和恐惧，62.36％的人会感到焦虑和烦躁，66.41％的人心情会变得低落，65％～76％的人心里会感到不舒服、不快乐或不幸福，61.78％的人认为雾霾天气会使自杀率增高。

灰霾的第三宗罪，影响交通安全。

2009年11月29日清晨，广东多地遭雾霾侵袭，能见度大幅下降，上午7时许，广州西二环高速官窑至小塘路段发生一起四车相撞事故，其中一辆油罐车被撞起火，5辆汽车被焚毁。在起火地点后方，十余辆汽车为躲避事故也发生了连环碰撞。受雾霾影响，佛山市三水区的能见度不足50米，在短短一个半小时内，发生道路交通事故20起，其中一个仅5千米的路段上接连发生8起车祸，近40辆车追尾相撞，导致3人死亡，多人受伤。

专家指出，灰霾天气出现时，由于能见度降低，加上持续污染，因而会造成交通阻塞，事故频发。

灰霾的第四宗罪，影响区域气候。

专家告诉我们，灰霾中的颗粒物对区域气候变化有重要的影响。首先，悬浮在空气中的颗粒物粒子具有很强的反射太阳辐射的作用，它可以增加地球的行星反照率（即地球大气系统的反照率），使地表和大气冷却，从而抵消部分由温室效应增加导致的增温效应。同时，颗粒物粒子作为一种云的凝结核，可以影响云和降水的微物理过程，改变云中水滴的数量和大小分布，还可以改变云的类型，从而增强或减弱降水量，改变降水的分布和强度。所以，灰霾会影响当地天气气候，并可能会导致气象灾害发生。

更令人担忧的是，霾还会促使城市遭受光化学烟雾污染提前到来。光化学烟雾对人体有强烈的刺激作用，严重时会使人呼吸困难、视力衰退、手足抽搐（关于光化学烟雾，咱们在后面还会重点介绍）。

霾有三大好

霾虽然罪大恶极，不过，如果没有霾，人类也无法在地球上生存。这到底是怎么回事呢？

我们都知道，构成霾的颗粒物十分微小，它们像幽灵般栖身在大气中，携带细菌、病毒和虫卵到处"漫游"，传播疾病，模糊视线，影响交通，给人类带来很多麻烦。可是，没有这些颗粒物又行不行呢？回答是：不行！

为什么不行呢？中国有一句俗话叫"水至清则无鱼"，意思是水太清澈了，鱼就不可能生长。我们赖以生存的大气层也是如此：如果它太干净了，一点颗粒物都没有，那恐怕一切生物都不会存在。

霾颗粒物对地球生物的重要性和好处，主要体现在以下三个方面。

首先，它们是地球光明的使者。专家告诉我们，天空本来是没有颜色的，但因为有颗粒物的存在，我们才能见到蓝色的天空，使早上提前天亮，傍晚延迟天黑，并感受到丰富多彩的世界——如果没有霾颗粒物（其中还包括空气分子），阳光就不会发生反射、散射和折射，晚上就真会漆黑一片，伸手不见五指。所以霾颗粒物也被称为地球光明的使者，还有人称其为"光明的信鸽"。

其次，它们是地球的卫士。我们都知道，如果没有颗粒物遮挡和反射，阳光全部照射到地球上，白天地球上就会变得很热很热，到了晚上后情形则相反，地表的热量就会全部辐射到空中，从而使夜晚变得很冷很冷。一会儿很热，一会儿很冷，不但人类无法忍受，就连地球上的其他生物也难以生存。专家告诉我们，人类居住的地球之所以

冷热适宜，可以说颗粒物立下了汗马功劳：它们在白天反射走一部分太阳光，使天气不那么炎热，夜间则阻止地面热量向空中散失，使天气不那么寒冷。另外，颗粒物还能吸收和阻挡宇宙中的有害射线大量进入地球，并使陨石等天体在大气中烧毁，从而使地球上的生物免受危害，因此，有人称颗粒物为"地球的卫士"。

第三，它们是雨雪的使者。大气中如果没有颗粒物，云就不可能形成，当然了，雨和雪也就无从谈起。天上不下雨（雪），地面上的河流就会干涸，土地就会干裂，所有的生物都无法生存，自然界的一切就将走向今天的反面——这绝不是危言耸听，科学实验证明：即使空气再怎么潮湿，再怎么过饱和（比如相对湿度高达 $300\% \sim 400\%$），但如果没有凝结核，水汽也难以发生凝结现象，因而不可能形云致雨。大气中的颗粒物，可以说正是起着凝结核的作用，它们把水汽凝聚在一起形成云，最后变成雨雪降落到地面，所以又被人们称为"雨雪的使者"。

以上是霾颗粒物的三大好处，不过在这里特别需要说明的是，这些对人类和地球生物有用的霾颗粒物都是大气自然状态下的产物，它们的形成是自然的原因，比如地壳自然风化、火山爆发等所产生的尘埃，而不包括人为活动，比如使用化石燃料（工厂燃煤、汽车排气）所产生的污染性颗粒物。专家指出，霾之所以害人，根本原因就是其中掺杂了许多人类制造的污染性颗粒物，导致霾变得狰狞可怕。正如古人孟轲所云："天作孽，犹可违；自作孽，不可活。"因此可以说，霾伤人是人类自食其果。

全球霾城知多少

地球上哪些地方的霾最多呢?

咱们先来看看中国霾最多的地方。从大范围的地区来说,中国存在着4个灰霾严重地区:黄淮海地区、长江河谷、四川盆地和珠江三角洲。相比较而言,四川盆地的灰霾天气比其他三个地区要少。四川盆地灰霾的成因,主要是天气条件造成的:一方面,四川盆地特殊的地理位置和地势条件,有利于水平方向静风现象和垂直方向逆温现象的形成,使灰霾天气现象容易产生;另一方面,地处西南的四川盆地空中水汽十分丰富,在低空静风和逆温条件下,温湿条件合适,很容易形成雾。因此,在很多情况下容易形成灰霾和轻雾的混合体,从而使天空灰蒙蒙一片。

近年来随着工业发展和冬季取暖大量燃煤,中国北方的霾呈现越来越严重的趋势,霾与雾混合在一起,形成十分可怕的雾霾天气。2015年12月初,美国航空航天局公布了一张中国北方地区雾霾覆盖的卫星图。这张拍摄于12月7日的卫星照片看上去触目惊心:整个华北平原,包括北京、天津、河北大部、山西北部甚至渤海大部都完全笼罩在雾霾之中,而且一路跨过太行山,覆盖了关中平原,然后顺势一路向北,蔓延到黄土高原大部。这一天,北京市首次启动了雾霾红色预警,中小学停课,机动车单双号限行,建设工地停工——雾霾令这个国际大都市一度陷入恐慌之中。

从城市来看,中国的霾城也大多集中在华北平原。2015年中国空气质量最差的10个城市分别是:保定、邢台、石家庄、唐山、邯郸、衡水、济南、廊坊、郑州、天津。十大污染城市中，河北省就占据了7席，其余的3个城市济南、郑州、天津都是省会城市。这些城市不但空气质量差，同时也是中国霾最多的城市。相比而言，中国的南方霾较弱，空气质量也最优。2014年空气质量最优的10个城市分别是海口、舟山、拉萨、深圳、珠海、惠州、福州、厦门、昆明和中山，这些城市全都在南方，而北方则无一城市入选。

从全球来看，中国的霾还不算最严重。世界排名第一的霾城是印度的德里。德里是印度首都，分为旧德里和新德里两部分，整个城市人口接近1700万。和世界其他大城市一样，随着城市扩张，德里的环境污染、交通堵塞和资源短缺等问题日益严重，再加上气候原因，德里的霾日特别多，空气污染也十分严重。2014年，世界卫生组织公布了全球91个国家1600个城市的空气污染情况，德里平均空气污染指数达到153，毫无悬念地排名第一，成为了世界霾城之冠。

接下来的第2至第4名都是印度城市：第2名为印度巴特那，空气污染指数149；第3名为印度瓜廖尔，空气污染指数144；第4名为印度赖布尔，空气污染指数134。第5名是巴基斯坦卡拉奇，空气污染指数117；第6名，巴基斯坦的白沙瓦，空气污染指数111；第7名，巴基斯坦的拉瓦尔品第，空气污染指数107；第8名，伊朗的霍拉马巴德，空气污染指数102；第9名，印度的艾哈迈达巴德，空气污染指数100；第10名，印度的勒克瑙，空气污染指数96。

从这份全球空气质量统计表上，我们可以看出，全球十大霾城印度便占据了7个，所以印度堪称空气污染最严重的国家。而印度邻国巴基斯坦有3个霾城入围前十，其污染也十分严重。这份榜单显示，除印巴所在的南亚外，空气质量最差的地区为东地中海和东南亚地区，拉丁美洲和非洲相比之下稍好。中国排名最高的城市是兰州，空气污染指数为 71，名列第 36 位，北京的污染指数为 56，排在第 76 位。同为大都市，美国洛杉矶的污染指数仅为 20，而纽约更是低至 14。

世界卫生组织的这份统计数据还显示，空气质量较好、霾日少的城市往往位于高收入国家，目前全球只有 12％的人口住在世卫组织认为空气质量合格的地方。

霾的亲戚

说完了霾，咱们再来说说霾的亲戚——沙尘。

沙尘是北方春季容易发生的一种灾害性天气。这种天气按水平能见度的高低可分为三个等级：浮尘、扬沙和沙尘暴。

沙尘暴我们在《大风狂吹》一书中有重点介绍，这里主要介绍浮尘和扬沙。

先来说说浮尘。浮尘是因远地或本地产生沙尘暴或扬沙后，尘沙等细粒浮游于空中而形成的，俗称"落黄沙"。浮尘一般出现在春季，经常是在无风或风力很小的天气条件下形成。当它出现时，地面水平能见度小于 10 千米，远处的物体呈现土黄色，而天上的太阳则呈现苍白色或淡黄色。作为霾的"表弟"，浮尘中的大气颗粒物直径一般小于 0.1 微米，也就是说，浮尘颗粒物比霾颗粒还要纤细，有的时候，浮尘颗粒物也会与其他颗粒物一起形成灰霾。

专家告诉我们，浮尘中的颗粒物有些是本地"土著"，比如交通运输、建筑工地等扬起的灰尘，但大多是"外来户"，即从别的地方吹过来的。如 2016 年 2 月 19 日，四川盆地出现大面积浮尘天气，到处看上去一片苍黄，成都、绵阳等十二个城市空气质量受到影响。山清水秀的四川盆地，哪来如此众多的沙尘呢？气象专家跟踪追击，发现此次入侵的沙尘来自遥远的新疆南部：2 月中旬，当地产生了一次强沙尘暴，大量沙尘被高空风吹起，经过长途跋涉后进入四川盆地，在风力减弱的情况下，这些远方的客人纷纷落下，从而制造了这起浮尘天气。

接下来说说扬沙。扬沙是由于风把裸露地面的灰尘或者沙子吹起来，使水平能见度大幅下降的一种天气现象。扬沙多发生在每年的 4 至 5 月，当它出现时，水平能见度一般在 1 千米到 10 千米之间。作为霾的"表兄"，扬沙与霾（包括浮尘）有较大区别：霾和浮尘都是在无风或风力很小的情况下出现，而扬沙则是在风力很大时出现。一般情况下，气象专家都把扬沙归结为风沙灾害，不过，并不是所有有风的地方都能发生扬沙，只有在那些气候干旱、植被稀疏的地区才可能发生扬沙。在中国，扬沙天气主要分布在西部与北部地区，其中内蒙古、西藏、新疆最为严重。

浮尘和扬沙一起，被人们统称为沙尘天气。这种天气对人体肺部的危害很大。专家指出，沙尘中含有很多颗粒物，一般大于 10 微米的颗粒物可被鼻腔和咽喉捕获，不易进入肺泡，但 10 微米以下的颗粒物能长驱直入人的眼、鼻、喉、皮肤等器官和组织，并经过呼吸道沉积于肺泡，导致肺及胸膜病变，引起支气管炎、肺炎、肺气肿等疾病，尤其是在城市中，沙尘与污染气体结合在一起，两者狼狈为奸，对人体的健康威胁更大。

雾霾傻傻分不清

最后，咱们把本书的两大主角放在一起比较比较，看看它们之间有啥区别和联系。

前面我们已经讲过，雾和霾是完全不同的两种天气现象，不过在现实生活中，人们经常把它们放在一起，统称为雾霾天气。事实上，它们之间是有明显区别的。

首先，它们的干湿状况不同。雾是由大量悬浮在近地面空气中的微小水滴或冰晶组成的水汽凝结物，形成雾的最基本条件，是空气要达到饱和状态，即相对湿度要达到100%（如有大量凝结核存在时，相对湿度不一定达到100%就可能出现饱和）。而霾是指大量极细微的干尘粒均匀地浮游于空中，这些干尘粒要浮游起来，空气湿度就不能太大，所以出现霾时，空气中的相对湿度一般小于80%。从这个比较我们可以看出雾和霾的明显区别：雾是湿的，霾是干的；一个是"水货"，一个是"干货"。气象工作人员在区分它们时，也往往根据相对湿度的大小来判断：一般相对湿度小于80%时判断为霾，相对湿度大于90%时为雾，相对湿度介于80%～90%之间时则为霾雾，但其主要成分是霾。

其次是颜色和厚度不同。不管何时，也不管远近，雾看起来都呈乳白色或青白色，而霾虽然颜色和雾差不多，大多数时间也呈乳白色，但它可以使远处的光亮物体微带黄、红色（黑暗物体则微带蓝色）。有时候，由灰尘、硫酸、硝酸等粒子组成的霾，由于其散射波长较长的光比较多，所以看起来还会呈黄色或橙灰色。另外，一般雾的厚度比较小，常见的辐射雾的厚度大约从几十米到两百米，而霾的厚度比较厚，经常可达 1000～3000 米。

第三，颗粒大小和影响的水平能见度不同。形成雾的雾滴直径一般在 3～100 微米之间，我们用肉眼根本看不见，不过灰霾粒子更小，它们的直径从 0.001 微米到 10 微米不等，平均直径大约为 1～2 微米——雾滴与它们相比，算得上是庞然大物了。再次，雾和霾影响的水平能见度也不相同：雾出现时，水平能见度一般小于 1 千米，而霾出现时，水平能见度一般小于 10 千米但大于 1 千米。

第四，与晴空区的分界不同。很多时候，雾和霾都出现在晴朗天气里，特别是晴朗的早晨，但是你知道吗，它们与晴空区之间的分界却完全不同。对雾来说，因为与云一样都是空气中水汽凝结（或凝华）的产物，所以它与云一样，与晴空区之间有着明显的分界，往往这边是雾，而另一边就是干干净净的晴空；霾却不是这样，它们与晴空区之间没有明显分界线，所以使整个天地看起来灰灰蒙蒙，混沌一片。

以上便是雾和霾的区别，不过，尽管有上述区别，但出现灰蒙蒙的天气时，我们还是很难严格区分哪个是雾，哪个是霾。因为往往会发生雾、霾交替或雾、霾混杂的天气，并且在一天中，雾和霾有时还会"角色互换"，相互转化。如霾在大气相对湿度从低向饱和变化的过程中，一部分就变成了雾滴，污染物会溶在雾滴里面；而当大气相对湿度从饱和向不饱和变化的过程中，雾滴蒸发，形成霾的微小颗粒物，于是雾便摇身一变成了霾。

雾霾来临前兆

无云要起雾

雾和霾来临前，有没有征兆呢？

当然有，先来说说大雾来临前的征兆。

2015年11月的一天，四川省雅安市。太阳落山后，天空依然晴朗，天上没有一丝云彩，看上去让人心旷神怡。

在雅安市穿城而过的青衣江边，有几名来自外地的游客正一边喝茶，一边欣赏美丽的落日余晖。

"这里的风景真是太美了！"有人啧啧赞叹。

"是呀，雅安是全国闻名的雨城，早就听说这里山青水秀，风光旖旎，今天一见果然名不虚传……"

游客们欣赏了一会儿美景，随即讨论起第二天的行程来。

"听说雅安周边的县区风景也很漂亮，明天上午咱们早点出发，先到最远的一个县——宝兴县去看红叶，下午再回雅安大熊猫基地参观。"

"这个行程安排很好，不过，这里号称雨城，不知道明天会不会下雨？"有人担心。

"这样的天会下雨吗？"同行的伙伴对他的担心不屑一顾，"你真是杞人忧天，天上一丝云都没有，怎么会下雨？"

"现在是没云，可是明天就说不清楚了，我建议还是查一查当地的天气预报吧，这样心里也踏实一些。"

"说得也是，那咱们打电话问问吧。"领头的一名中年游客表示同意。很快，他便查询到了雅安市气象台的值班电话。

电话拨通后，接电话的正是气象台的彭台长。

"明天的天气是多云间晴，不会下雨，"彭台长告诉大家，"不过夜间至上午 11 时前，雅安至宝兴一带会出现雾。"

"明天上午有雾？"中年游客看了看天空，天上依然没有一丝云彩，晴朗的夜空中，一轮硕大的圆月正在山坳间冉冉升起。

"没错，明天的雾会比较浓，如果你们是自驾车出行，建议避开上午，尽量选择在下午出行。"彭台长提醒。

"可是天上连一点云也没有……"中年游客欲言又止。

"正因为天上没有云，所以明天才会出现雾，"彭台长听出了中年游客话里的疑惑，他解释说，"雅安的雾基本上都属于辐射雾，它们是夜间经过辐射冷却降温形成的，现在天上没有云，到了晚上，地面上的热量就会辐射到空中，从而使近地面空气中的水汽冷却凝结而形成雾。"

"噢，我知道了，谢谢您！"中年游客不由自主地点了点头。挂断电话后，他和其他游客一样，心里都有些似信非信。

"咱们做好两手准备吧，明天早点起床，如果没有雾，就向宝兴进发，如果有雾，那上午就在雅安市区活动。"

当天晚上，在明亮月光的陪伴下，大家兴致勃勃地在青衣江边玩了个尽兴，直到深夜十点半，才回到宾馆就寝休息。

第二天一早，中年游客从睡梦中醒来，他拉开窗帘一看，哇，外面好大的雾呀，整座城市笼罩在一片白色之中，连宽阔的青衣江都"隐身"不见了。

"真的下雾了！"中年游客颇感惊讶。而其他人起床后，也被眼前的景象惊呆了。

雾中的雅安别有一番韵味，所有的一切都隐隐约约，缥缥缈缈，令人仿佛置身于仙境之中。因为雾气太浓，大家乐不可支地选择了第二种方案，在雅安市区痛快地游玩了一上午，直到中午浓雾散去、太阳出来后，大家才开车向宝兴县进发……

像这样无云起雾的事例在中国的南方地区来说比较普遍，正如彭台长解释的那样，南方的雾大多属辐射雾，当晚上天空无云时，地面的热量因辐射散失，导致近地层水汽冷却凝结而形成雾。所以，当头天晚上我们观察到天空晴朗无云时，就要警惕第二天早上会有大雾出现，这时就要对出行做好充分准备了。

无风好生雾

晚上，晴空万里，星星在天上一闪一闪地眨着眼睛，一切都像凝固了似的，没有一丝风，天地间静得像一面镜子。到了后半夜，一层雾气从地面上慢慢漾起，渐渐将整个大地包裹了起来。

以上便是大雾生成的简略过程。从这个过程我们可以看出，除了晴空之外，无风或风力微弱也是大雾生成的一个基本条件，难怪中国民间有"无风好生雾"、"天放晴，不起风，明早准有雾气飘"之说。

无风好生雾的例子，在中国雾日最多的地区——峨眉山尤为明显。

在峨眉山的金顶上，建有一个气象站。这个气象站是长江上游重要的气象观测站，每天24小时都必须有工作人员值班。站长老李便是其中的一员。老李在峨眉山气象站一干便是30年，可以说对峨眉山的气候了如指掌。据他讲，峨眉山大雾生成的最重要条件就是风要小，在无风或微风时最易生成。

说起峨眉山的大雾，还有一个有趣的故事呢。

2014年3月中旬的一天，两位外地游客到峨眉山金顶旅游时，借宿在气象站的宿舍里。他们对气象观测工作十分好奇，老李在办公室值班，他们围在他身边不停问这问那。老李到外面观测，他们也跟着来到观测场。等到老李终于清闲下来后，一个游客问道："李站长，明天天气如何？你通过观测能知道吗？"

"当然了，我们经常说看云识天，这话可不是说着玩的，"老李说，"通过今天对云、风向、风速等气象要素的观测，我大概已经推测出明天是什么样的天气了。"

"明天是什么天气呀？"两个游客异口同声地问。

"现在天上云量很少，天边有一些正在趋于消散的少量高积云，所以可以判断明天很可能是个晴天，"老李说，"而从风向来看，现在吹的是东风，并且风速不到1米每秒，基本上算是微风，这个风向和风速如果一直持续下去，后半夜就会有大雾生成。综合来看，明天是个大晴天，但上午会有大雾出现。"

"明天天气真是这样吗？"两人半信半疑。

"如果不信，你们等着瞧就是了。"老李表现得很自信。

"说实话，我确实不太相信，"一个游客调侃地说，"李站长，你敢不敢和我们打赌？"

"打赌？"老李一愣，"怎么赌呀？"

"如果明天上午真的出现了大雾，就算你赢了，我们明天中午请你到山顶的餐馆搓一顿（吃一顿）；但如果没有出现大雾，嘿嘿，那请客的就该是你了，你看这样行吗？"

"行，没问题！"老李爽快地答应了，当然啦，他对自己的经验和判断是相当有自信的。

夜渐渐深了，两个游客又坐了一会儿后，打着呵欠休息去了，而老李则继续在值班室坚守——他要值守到第二天上午才会被同事替换。

第二天早上，两个游客起床后来到值班室，他们放眼向窗外看去，只见外面白雾茫茫，整个气象站都被茫茫雾气包裹了起来。

"哇，真的有雾！"两人走到外面，来到观测场内放眼四望，天地间全是无边无际的雾气，金顶仿佛消失了一般。

"怎么样，你们输了吧？"这时老李走到两人身边，笑眯眯地说。

"这次算是栽在你手里了，没啥说的，今天中午我们请你就是了。"两人对老李佩服得五体投地。

"哈哈，请客就免了吧，我只是希望你们养成观风识雾的习惯，这对以后你们经常出行旅游也有帮助。"老李仍然笑眯眯地说。

"好的好的，我们一定做到！"两人紧紧握住老李的手，表示感谢……

怎么样，看了以上这个事例，你是否也应该与这两个游客一样，养成观风识雾的好习惯呢？

空气潮，雾气绕

我们都知道，空气潮湿是雾生成的基本条件，因此民间有"空气潮，雾气绕"之说。

那么，我们该怎么判断空气的潮湿程度呢？

夜晚，天气晴朗，空中几乎没有一丝云彩，小明和同学下了晚自习后走出教室，感到外面空气湿漉漉的，微风吹在脸上，每一个毛孔都似乎充满了水汽。

"这天莫非要下雨?"同学抬头看了看,但天空不像有雨的样子。

"应该不会下雨,"小明摸了摸脸颊说,"依我看,这是要起雾的节奏。"

"起雾?"同学有点不太相信,"你怎么知道要起雾?"

"别忘了我舅舅是气象台的工作人员,"小明颇有几分自豪,"他告诉过我,秋冬季节的夜晚,如果感到空气很潮湿,而天上又看不到多少云,那么第二天早上必定有雾。今晚的情形和他说的十分相符,所以我判断明天早上会起大雾。"

"嗯,你舅舅说的应该没错,"同学点了点头,不无遗憾地说,"要是明天真的起雾,那咱们的秋游可就泡汤了。"

"对呀,我咋忘了明天是秋游呢?"小明拍了拍脑袋,不禁有些懊恼起来。早在两天前,他便和几个同学约好了,利用周末不上课,骑车到郊外去秋游一番。

"没事,如果明天雾太大,咱们就到气象台去参观,请你舅舅给讲讲雾的形成原理如何?"同学提议。

"好的,那我现在给舅舅联系一下……"

第二天一早,当地果然出现了大雾。秋游计划取消后,小明带同学们来到气象台,正好舅舅刚下了夜班,于是他便给大家讲解了起来。

"雾是我们常见的一种气象现象,一般秋末和冬季、春季出现得比较多,"舅舅说,"它一般在夜间至第二天上午形成,除了要求晴朗、无风或微风这两个条件外,还有一个最基本的条件,那就是近地面的空气必须十分潮湿,在气象学上,空气的潮湿程度是用相对湿度这一指标来衡量的,我们的气象工作人员预报大雾,也主要是参考相对湿度的大小。"

"那相对湿度达到多少,你们才会预报雾呢?"有同学问。

"这个指标各地不尽相同,有的地方高一些,有的地方相对低一些。拿我们本地来说吧，一般相对湿度达到 90% 以上，同时又满足晴朗、无风或微风这两个条件，那第二天出现雾的可能性便很大，我们也会在当天的天气预报中提醒公众出行时注意大雾影响。"

"这个相对湿度是怎么测出来的呀？"

"它是利用两支温度表作对比观测出来的：一支是正常的温度表，叫干球温度表，另一支则在感应部分包裹了一层浸水的纱布，叫湿球温度表，这两支温度表的读数差距，便代表了空气的潮湿程度，"舅舅解释说，"当空气干燥时，浸水纱布蒸发比较快，从而使湿球湿度表的读数下降得也越多，它与干球温度表的读数差距也越大，反之，空气越潮湿，湿度温度表与干球温度表的读数相差越小，当空气湿度达到饱和状态时，两者的读数完全一致，这时测出的相对湿度就是 100% 了。"

接下来，舅舅带领大家来到观测场，打开百叶箱，让每个人都观测了一下干湿球温度表读数。

"在日常生活中，我们每个人都可以通过体感来判断空气的潮湿程度。当空气中湿度很大时，我们会感觉脸上和身上的皮肤很湿润，而头发也会吸引水汽分子而变得比平时厚密。当我们察觉到这些变化时，再结合天气的晴朗与否和风力大小，就可以判断出第二天会不会出现大雾了……"

舅舅的一番讲解让大家茅塞顿开——你看了上文之后，是不是也会预测大雾天气了呢？

久晴有"霾伏"

介绍了雾来临时的前兆，咱们接着来了解一下霾。

先看看下面这个事例。

2012年12月初的一天早上，在成都市某中学读初一的小何吃过早饭后，准备骑车去上学。一出家门，他便发现外面灰蒙蒙的，远处的楼房和街道看上去模糊一片，空气中还夹杂着一股呛人的味道。

"姥爷果然说得没错，这霾比昨天更重了。"小何赶紧从口袋里掏出口罩戴上。他一边骑车，一边回想昨晚和姥爷的一场对话。

昨天晚上，小何做完家庭作业后准备放松一下，刚刚打开电视，姥爷便从外面回来了。

"姥爷，你刚才到哪去了？"小何问道。由于爸妈都在外地工作，平时他和姥爷住在一起，爷孙俩相依为命，而小何更是对年迈的姥爷十分照顾。

"我刚才到楼顶上去看了一会儿天气，"姥爷叹口气说，"这霾已经持续三天了，明天很可能会更严重哩。"

"姥爷，你怎么知道明天霾会更严重？"小何顺口回了一句，"你看天气预报了？"

"我不看天气预报，也知道这霾会更严重，"姥爷认真地说，"我在成都生活了这么多年，已经总结出这里的天气规律了。"

"真的呀？"小何把目光从电视屏幕上收回来，看着姥爷说，"那你说说，成都的霾有啥规律？"

"这个规律说起来很简单，那就是天气要是连续晴上几天，既不刮风也不下雨，不出三五天，准会有霾生成，"姥爷说，"这次的霾不也是这样吗？天晴了不到三天，整个城市就开始灰蒙蒙的了。"

"嗯，好像真是这样呢。"小何仔细回想了一下近期的天气，不由自主地点了点头。

"天气预报说明天还是不会下雨，我刚才也出去看了，外面几乎没啥风，所以这霾还要加重，"姥爷说，"你明天一定要记得把口罩戴上哦。"

"嗯嗯。"小何连连点头……

看完了这个事例，你是不是也像小何一样，对姥爷佩服得五体投地呀？

其实，生活在城市中，特别是人多车多的大城市中，只要我们留心观察和总结，都能像小何姥爷那样发现霾的生成特点。专家指出，霾和雾一样，都是在晴朗、无风的条件下生成的，只不过雾是悬浮在空气中的小水滴，而霾则是细小的颗粒物。之所以久晴会生霾，是因为在天气晴朗、风力又很小的情况下，城市空气中的污染物无法扩散出去，大量悬浮在空中，导致能见度降低而形成霾。如果天上老是不刮风，也不下雨，污染物就会越积越多，从而使霾越发严重。

久晴有"霾伏"！这样的例子在中国许多地方都出现过。比如咱们前面讲过的 2006 年 10 月的深圳市灰霾，那年的 10 月刚开始时，深圳市天天艳阳高照，但没过几天，市民们便发现城市变得灰蒙起来，霾很快占领了整座城市。晴好天气一直维持，而霾也越来越严重，当灰霾持续到第 31 天时，市民们实在难以忍受这种灰蒙天气，纷纷致电环保和气象等部门，询问灰霾何时结束。最后，还是一场秋雨伴随着秋风到来，市民们才摆脱了灰霾的纠缠。而在北方地区，这样的例子可谓比比皆是：2010年11月上旬，郑州市连续多日天气晴好，但霾也很快出现，大面积的灰霾笼罩着整个城市，令市民们苦不堪言；2015年1月下旬，石家庄、天津、济南等地天气持续晴好，但仅仅两天后，灰霾便随之到来，造成了持续多日的重霾天气。

所以说，在霾易出现的季节，当天气持续晴好时，我们就要做好应对"霾伏"的准备了。

天冷霾重

看了这个标题，你可能会想，这话是不是有问题呀？上面才说了久晴有"霾伏"，现在又说天冷霾重，这不是自相矛盾吗？

其实并不矛盾。久晴有"霾伏"是一种普遍现象，而天冷霾重指的是个别现象。下面，咱们还是来看一个事例吧。

2015年11月10日，中国北方地区刚刚进入供暖第一周，一场重度雾霾便袭击了多个城市。在辽宁省会城市沈阳，雾霾污染程度达到了严重的六级，PM2.5浓度突破了1400，水平能见度不足百米，整个城市完全笼罩在一片乳白色的环境中。驾车上班的人们仿佛行进在云山雾海之中，每行一步都得小心翼翼。而更令人不安的是，空气中充斥着一种很不舒服的味道，使人鼻子发痒，喉咙发干，眼睛刺疼。这天上午，一名从外地来沈阳出差的旅客准备到市中心去办事，因为所住的宾馆离市中心不太远，他于是选择步行前往。一路上，他看到很多人戴着防毒面罩匆匆行走，似乎是想尽快逃离雾霾的包围。"这也太娇气了吧。"他有些暗暗好笑，并没有把眼前的雾霾放在心上。不料，在大街上走了不到半小时，他便感觉嗓子眼很不舒服，同时眼睛酸涩不停流泪。回到宾馆后，不适感不但没有减轻，反而更加严重。"糟糕，我得去看看医生。"他赶紧来到附近的医院，一走进去，发现里面挤满了前来看病的人。这些人与他一样，都是因为呼吸道和眼睛不舒服前来就诊的。医生在诊断时也告诉他，今天的雾霾十分严重，会对人的呼吸道、眼睛、皮肤等造成伤害，所以应尽量待在房间里不要出来，若要出行时，也要戴上防毒面罩，实在不行，也要戴上口罩。"没想到北方的雾霾这么厉害！"从小在南方山清水秀地区长大的他不禁感叹。

在沈阳遭到雾霾袭击的同时，北京、石家庄、天津等大都市也遭到了重度雾霾的袭击。这次雾霾天气持续了差不多一周时间，让遭受"霾伏"的人们苦不堪言。在解析这次大范围雾霾入侵的原因时，专家指出，除了天气的因素外（这一时期东北、华北等地均维持晴朗、无风的静稳天气），供暖烧煤是雾霾形成的最主要原因：11月初，北方气温大幅下降，各地开始供暖，由于暖气基本采用烧煤的方式，煤炭在燃烧过程中释放出大量二氧化硫等有害物质，这些污染物堆积在大气中，由于天气原因无法扩散出去，从而形成了重度雾霾。

在这次重度雾霾天气出现之前，有专家便分析过北京 2010 至 2014 年冬季的供暖效应，发现北京冬天严重污染状态占比 28%，是四个季节中最高的。在整个冬季供暖期，形成霾的主要颗粒物——PM2.5 的平均浓度比非供暖期要高出 50% 以上。分析报告还指出，每年 11 月北京开始进入供暖期，而煤的燃烧是 PM2.5 的一项重要来源，目前整个北方地区的供暖主要依靠燃煤，而且不少地方还使用的是劣质煤，这更进一步加重了霾的形成。

通过以上这个事例和专家的分析报告，我们可以得出这样的结论：天气寒冷，是霾形成的一大前兆，因此北方地区进入供暖季节后，一定要提高警惕，当天气持续晴好无风时，就更要随时做好抗霾准备了。

风向知"霾伏"

前面我们讲过，火山喷发和森林火灾都会导致灰霾天气发生，因此这两种灾害可视为霾来临前的一种前兆。

2011年6月4日，智利的普耶韦火山群突然爆发，喷射出大量熔岩和火山灰。这个火山群位于智利南部的安第斯山脉上，海拔高度2200多米，当时喷射的炽热岩浆迫使3500多名当地居民不得不撤离家园，但更可怕的是，火山灰有可能会对周边的城市造成严重影响。铺天盖地的火山灰如果随风扩散到城市上空，就会形成可怕的灰霾，给城市居民生活带来极大不利。为了监测风向，当地政府专门成立了气象监测小组，每小时一次实时提供风向报告。

6月7日上午，根据智利提供的风向和风速数据，阿根廷气象部门很快作出预测：火山灰将在当天抵达阿根廷首都布宜诺斯艾利斯。一时间，布宜诺斯艾利斯居民恐慌不已，赶紧做好应对火山灰和灰霾的准备，而各航空公司也取消了在阿南部地区起降的航班，部分地区的机场则暂时关闭。不过，仍有些人心存侥幸，认为火山灰不会降临本市。然而当天下午，果然如气象部门预测的那样，火山灰来临了，布宜诺斯艾利斯很快被灰霾笼罩，一连数天，布宜诺斯艾利斯及周边地区都灰蒙蒙一片，给当地居民的生活造成了严重影响。

同样的火山灰霾，在中美洲国家危地马拉也发生过。2015年2月7日，危地马拉最活跃的火山之一——富埃戈火山爆发了。"富埃戈"在西班牙语中是"火"的意思，这座火山海拔高度达3763米，爆发当天，火山喷出的火山灰柱高达数千米，形成了昏暗浓厚的灰霾。这片火山灰霾像一大片黑压压的乌云，以每小时40千米的速度在空中飘荡，使得火山周边的一些热门旅游胜地也被笼罩其中，当地居民不得不佩戴防毒面罩。由于担心灰霾危及首都等城市，危地马拉相关部门全力加强了监测，并根据风向对这片灰霾云的移动进行实时播报。幸运的是，火山灰霾被风吹向了大海方向，并未影响到首都危地马拉城。

以上这两个事例告诉我们，当火山爆发喷射出大量火山灰时，风向和风速是决定这些火山灰"漂流"向何方的重要因素（尤其是风向）：当风把火山灰吹到城市上空时，就会形成浓厚的灰霾，对我们的生活造成影响。因此，周边或上风方一旦有火山爆发，一定要随时关注风向变化，以确定灰霾是否会影响本地。

除了火山喷发，森林火灾产生的烟雾也会飘移到城市上空形成烟霾，而决定烟霾动向的依然是风。

2014年1月8日早晨，智利首都圣地亚哥被无边无际的烟霾笼罩着，空气中弥漫着浓浓的烟味儿，窗外的世界完全变成了蓝色，能见度很低，仅一个街区之外的大厦便很难看清，居民们在烟霾包围中不停地咳嗽，有人还因此住进了医院……这场浓厚的烟霾，是由森林大火引发的：数周之前，智利中部的森林发生火灾，产生了大量浓烟，之前的烟雾都被风吹到了其他地方，但1月8日凌晨，风向突然发生变化，烟雾转而向圣地亚哥飘来，尽管政府当局监测到动向后及时发布了警报，但依然无力阻止烟霾发生。

　　除了霾需要看风向判断外，霾的亲戚——浮尘和扬沙也和风有着密切的关系：它们都是依靠风把地面上的沙尘吹起而形成，特别是浮尘，更是离不开高空风的输送。因此，专家告诉我们：在西北等植被稀少的干旱地区，当周边或上风方发生沙尘暴天气后，要随时关注风向，做好应对扬沙和浮尘入侵的准备。

雾霾逃生
与自救

指南针救命

当你在野外遭遇大雾，被漫天浓雾包围时该怎么办？

关于这个问题，咱们的老祖先黄帝在几千年前便遇到了。当时，黄帝占据着黄河流域的大片土地，是中原一带的霸主，不过，那时的中国强人很多，其中在长江流域一带，就有一位很强势的主儿——蚩尤。蚩尤是南方少数民族的祖先，因为当时的南方地区属于蛮荒之地，他一直对中原这块肥肉垂涎三尺。经过一番精心准备后，蚩尤带领部族成员，发动了一场大规模的侵略战争。黄帝当然也不是吃素的，他与蚩尤在一个名叫涿鹿的地方展开了生死大战。刚开始，黄帝一方屡战屡败，因为蚩尤会制造大雾，雾气一起，黄帝的士兵们全都被迷惑了，只能任由敌人宰割。怎样才能破解蚩尤的迷雾呢？黄帝冥思苦想，终于想出了一个办法：制作指南车。他独身躲进树林，用随身携带的麻绳和树枝绑扎了一个小木人，并把一块磁石绑进小木人的身体内，磁石向南的一面，始终对着小木人一条高高举起的胳膊。大功告成之后，黄帝走出树林，把小木人交给了士兵，说是神灵赐予专门破解雾气的仙人。听说有神仙帮助，大家士气大振，他们把小木人悬吊在一辆战车上，高喊着冲向蚩尤阵地。蚩尤慌忙释放出大雾，可是不管大雾如何弥漫，小木人的胳膊一直指向南方。不再迷失方向的黄帝士兵越战越勇，把敌人打得溃不成军，蚩尤来不及逃跑，也被活活捉住当了俘虏。

黄帝制作的这个小木人，就是指南针的雏形。指南针又称指北针，其主要组成部分是一根装在轴上的磁针，这根磁针在天然地磁场的作用下，不管你怎么转动，它的北极始终指向地理的北极——利用磁针的这一性能，人类便可以在浓雾弥漫时辨别南北方向而不会迷路了。

　　利用指南针救命的事例，在现代并不鲜见。1963年夏季的一天，一支科学考察队踏上了加里曼丹岛的探险之旅。科考队一共12人，领头的是一位叫杰姆的博士。加里曼丹岛又被称为婆罗洲，是世界第三大岛，那里属于热带地区，丛林密布，空气潮湿，许多地方人迹罕至。杰姆博士他们进入丛林后，很快便同外界失去了联系。在一名当地向导的带领下，队员们冒着巨大的未知风险，披荆斩棘，十分艰难地向前挺进。科考进行到第11天，丛林仍然无边无际，而科考队的给养却出现了严重不足。是继续前进还是原路返回？鉴于食物已经快要断绝，杰姆博士与大家经过商议后，不得不做出了返回的决定。不料，第二天一早，队员们钻出帐篷时，发现整个丛林被无边无际的大雾包裹了起来。天地间雾气氤氲，一片迷蒙。到了中午，雾气越发浓密，几米之外已无法看清人影。

　　这场不期而至的大雾来得十分诡异，把向导吓得够呛——在他看来，大雾是森林之神对贸然闯入者的警戒和惩罚，若不迅速离开，必将招致灾难。尽管队员们对向导的话并不相信，但还是决定尽快离开这个是非之地。可是，茫茫雾海，分不清东南西北，根本不知道朝哪个方向走。

　　"咱们来时的方向是东方，只要确定了方向，一直走下去准没错。"杰姆博士不慌不忙地从口袋里拿出指南针来。

　　"这个东西能行吗？"向导半信半疑地问。

　　"放心吧，除非当地磁场有问题，否则这家伙不会骗咱们。"杰姆博士开玩笑地说。

沿着指南针指示的方向，科考队在浓雾中摸索着前进。经过一番艰难跋涉，终于成功钻出了大雾包围圈，并顺利到达了目的地。

如果没有指南针，很难想象科考队如何能在雾海的包围下走出丛林。那么，在野外遭遇大雾时应如何使用指南针呢？专家告诉我们，在野外时最好配备一张地图和一个指南针，当大雾弥漫时，首先拿出地图，并转至与指南针相同的方向，然后决定朝哪个方向走；其次，循着指南针所指的方向，选定一个容易辨认的目标（如岩石、乔木、蕨叶等），到达这一目标后，再用指南针寻找前面的另一个目标——连续使用这个方法，直至脱离雾区；第三，如果没有地图或指南针时，应该留在原地，等待雾霭消散。

拨打报警电话

在野外遭遇大雾迷路，如果身上没有携带指南针，该怎么办呢？

2012年5月27日，福建省厦门市同安区杉际内的山上，大雾弥漫，所有的山峰和树林都隐没在了雾气中。

杉际内享有厦门"九寨沟"之称，这里山清水秀，风光明媚，是城市上班族十分向往的"驴行"胜地。然而5月27日这天，当一群年轻人来到山上徒步登山时，却不幸遭遇了漫天浓雾，更不幸的是，他们竟然在雾气中迷失了方向。

这群年轻人，是通过论坛组织发起的"驴友"，大家互相只知网名，很少知道彼此真名。这天上午，他们在山下集结完毕后，由一名向导带领登山。一路上，美丽的山间风光令大家惊叹不已。下午时分，当驴友们进入山里后，天气不知不觉间发生了变化，乳白色的雾气从山下升起，不一会儿，雾气漫到山上，将整座山全部包裹了起来。天地转瞬间一片迷蒙，树林、溪流、小路……所有的一切都模糊了。

面对不期而至的大雾，这群年轻人心里并没有慌乱，因为大家都觉得向导肯定会把他们安全带下山去。

可是，走了一段路后，向导迟疑地停下了脚步。

"怎么不走了？"这次驴行的发起者大刘问道。

"我们可能走错路了，"向导脸上掠过一丝惊慌，"我记得上次好像不是走的这条路。"

"你到底走没走过这条路？"

"说实话，我也只走过一次……"向导吞吞吐吐地说，"我们可能迷路了……"

听说迷路后，驴友们都不由惊慌起来。

"咱们怎么办呀？要是今晚下不了山，在山上冻一晚上肯定会出事。"一个叫小李的女孩十分着急。小李在厦门一家软件公司上班，以前也经常参加登山活动，几天前，她从论坛上得知消息后，报名参加了这个活动。没想到，今天竟然因大雾迷路了。

"是呀，咱们怎么办？"驴友们七嘴八舌，脸上的表情都很焦灼。

"没关系，只要有指南针，咱们就可以找到方向，"大刘挥了挥手说，"谁带了指南针，赶紧拿出来！"

众人赶紧翻找起来，然而，每个人把自己背包里的东西都翻了个遍，找出来许多野外用的工具，如绳子、小刀等，但唯独没带指南针。

"现在唯一的选择，只能是报警求救了。"大刘说着掏出手机看了看，见手机有信号，他一颗悬着的心才稍稍踏实了些。

"对啊，赶紧报警！"大家纷纷赞成。

"我不同意报警。"人群中，突然有人提出反对意见。

"为什么不报警？"小李奇怪地盯着那个年轻男孩。

"报警多丢人呀，我们还是自己走出去吧。"年轻男孩脸上一副无所谓的表情。

"你这种行为，是对自己和别人的生命不负责任！"小李感到十分愤怒。其他驴友也谴责起那个男孩来。

"好了，都别说了！"大刘拿起手机，"我现在就报警……"

当天下午 4 点 10 分左右，厦门市 110 指挥中心接到报警电话后，立即将警情转给了辖区内的汀溪派出所，该所民警、协警和当地志愿者迅速组成救援队上山救援。由于大刘他们无法说清具体位置，救援队只能根据经验，并结合特有的军事地图确定被困人员所在的大体方位。经过近 3 个小时的搜救，终于将被困的 100 多名驴友悉数救出。

这次事件给了驴友们很大的教训，大刘和小李等人均表示，以后登山除了要找可靠的向导，自己也要做好充分准备，把指南针之类的必备工具带上。同时，他们也对自己迷路后能及时报警感到十分庆幸："如果不是警察上山救援，天黑之后，我们在山上就很危险了！"

大刘他们的经历告诉我们：在野外遭遇大雾迷路时，一定要记得拨打"110"电话报警，千万不可像那位年轻男孩一样逞强；报警时，要尽量向接警人员描述自己所在地区的地理地形特征，以便救援人员尽快找到！

追逐救命信号

应该说，上述事例中的大刘他们还算十分幸运，因为他们迷路的地方手机有信号，所以随时可以报警求助。

但如果被大雾包围而迷路，手机信号又不畅通时该怎么办呢？

　　2009 年 2 月 3 日中午，四川省都江堰市，8 男 1 女共 9 名年轻人在一座叫赵公山的山脚下稍事休息后，开始向山上爬去。

　　这 9 名年轻人都是在校大学生，其中一个叫杨小平。杨小平是户外运动爱好者，过去曾多次到山区爬山，有一定的探险经历。一年前，他到尚未开发的赵公山游玩过一次，回来后，一直对那里的美景念念不忘。"要是约上同学一起，再去那里玩玩就好了！"2009 年放寒假后，杨小平回到简阳市老家，在与高中时的同学聚会时，他把这一想法告诉了 8 名同学。"好啊，那春节之后就去吧！"同学们热烈响应。于是，过完年没几天，他们便邀约一起，穿上平时的衣物，带上两天的干粮和矿泉水出发了。

　　他们先从简阳赶到成都，再从成都赶到都江堰。2 月 3 日中午，一行 9 人来到了赵公山脚下。赵公山位于都江堰与汶川县交界的无人区边缘，因传说中财神爷赵公明元帅归隐于此而得名。这里山峦连绵起伏，最高峰海拔 2400 多米。一路之上，美景令人陶醉，大家看到这里的天特别蓝，水特别清，林特别青，山特别幽，都十分高兴。当天晚上，他们在半山腰的赵公庙内歇息。第二天继续向山顶攀爬，并于中午时分抵达了顶峰。

　　顶峰上白雪皑皑，景色更加迷人，他们在这里堆雪人，打雪仗，玩得十分尽兴，直到天色不早了，才开始向山下走去。

　　"走老路回去太没意思了，咱们从另一条路下山吧。"有同学提议。这一提议立即得到了其他同学的赞同。

　　"好吧，那就从另一条路下山。"杨小平迟疑了一下，也同意了。

　　大家朝着与来路相反的方向往山下走去。没走多久，山上的天气突然发生了变化，一场大雾悄无声息地簇拥而来，把山林严严实实地遮盖起来，道路几乎看不见了，他们只能摸索着慢慢前进。

"咱们怎么又转回来了？"走了很久之后，杨小平发现周围的景物似曾相识，原来他们走了一遍后，又转回到了原地。

这时，每个人都意识到一个严重问题：他们迷路了！

天渐渐黑了，大雾仍然没有散去，山上的气温下降得十分厉害，而这时干粮和矿泉水也用完了。

"赶紧报警吧！"每个人都感到了危险，可是他们掏出手机一看，信号十分微弱，而且时有时无，根本打不通电话。

"这个地方地势低洼，所以信号不好，咱们到那边去试试。"杨小平指着一处地势较高的地方。

几个人爬到稍高一点的地方，这里信号稍好一些，可还是不能拨通外面的电话。

"看来还是不行，再往高处走走……"他们在雾气中摸索着，一直走到一处山峰上，这里的信号才稍好了一些。

"我们在都江堰的赵公山上迷路了，请救救我们……"大家迫不及待地拨通了"110"报警电话，然而没说两句话，信号再次中断。此后，无论怎么拨打，电话都打不通了。

夜渐渐深了，为了熬过又冷又饿的漫漫长夜，他们四处寻找了一些树枝，点起篝火围坐在火堆旁。

"警察会来救我们吗？"女同学可怜兮兮地问。

"报警电话已经打通了，他们应该会来的。"杨小平安慰道，不过，他心里也是一片茫然：这么黑的夜晚，山上又有大雾，警察怎么可能来呢？

然而，令杨小平他们没有想到的是，警方接到他们的报警电话后，迅速组织了一支 50 余人的搜救队，冒着雨雪连夜向山上进发。但由于杨小平他们的电话无法打通，再加上大雾影响，搜救队搜索到凌晨仍一无所获。第二天，搜救队扩大到近百人，经过地毯式的搜索，终于成功找到了迷路的大学生们。

杨小平他们的这次经历告诉我们：第一，不要轻易到未开发的地方冒险，即使是有一定探险经历的人，也须小心谨慎；第二，当身处低洼地带，手机信号微弱时，应到地势较高的地方去"追逐"信号，不断尝试，争取尽快打通报警电话；第三，在等待救援的过程中，要想法生火取暖，保存体力。

此外，专家还告诉我们，手机信号微弱时，虽然电话打不通，但短信却有可能会被外界接收到，这时可以向外发出求救短信，请亲人或朋友帮助报警求助。

留心路边果皮

大雾弥漫时，手机完全没有信号，无法向外求救，这时就只能依靠自身努力来走出迷途了。

留心地上的果皮等物，可以说不失为一种办法。

2012年12月25日，在江苏徐州开往山东泰安的火车上，一个年轻男子展开一幅地图，正兴致勃勃地观看。这是一幅泰山浏览示意图，这个姓朱的男子此行的目的，就是想借周末之际，去饱览五岳独尊——泰山的风采。

火车行驶的路途中，朱先生结识了一男两女3个年轻人，他们也是准备去泰山游玩的旅客。出于相同的目的，朱先生与他们相约：下车后结伴而行。火车到达泰安后，天公却不作美，26日零时，天空飘起了小雨，不过，坏天气并未影响四人的心情。他们乘车到达天外村后，开始沿着登山路，一步一步向泰山爬去。

经过几个小时的攀爬，凌晨5时许，朱先生一行终于到达了南天门。可是天气仍然不见好转，小雨仍然在下，天空被厚厚的云层遮挡，这让他们看日出的愿望成了泡影。"天气不好，咱们还是下山吧。"在山顶转悠了一会儿后，四人决定乘索道下山。可是由于太早了，他们到达索道站时，发现索道还没有开始运行，而这时排队等候乘索道的人已经很多。

"这样排队等候，至少要3个小时才能下山，咱们还不如走下去。"眼看排队的人越来越多，四个年轻人商量后，决定放弃乘坐索道，步行下山。

下山途中，他们认识了一对泰安本地的父女。这对父女也是趁周末来爬山的，父亲老刘告诉他们，索道站旁边有一条小路可以下山，大家可以结伴而行。朱先生他们当然求之不得，于是高高兴兴地和老刘父女一起向小路走去。

天快亮的时候，他们已经走到了半山腰，这时雨停了，但浓雾却从山下漫上来，将他们完全笼罩了起来。眼前全是乳白色的雾气，感觉就像在空中一般，什么都看不清楚了。漫天大雾，给步行下山的他们增添了巨大的难度。一行六人勉强走了一会儿后，老刘也有些拿不准方向了。随后，大家又向路边的一位老人问路。按照老人所指的方向走出几千米后，他们竟然来到了一段悬崖边上。

路断了！每个人都感到沮丧而又失望，为了尽早摆脱困境，他们决定报警，然而，令他们更绝望的事情发生了：手机没了信号！

"只能调头往回走了。"经过一番商量后，他们决定沿原路走回南天门。可是，在浓雾笼罩下，南天门的方向已经无法确定，而来时的路也因大雾变得难以辨认。

在一条岔路口，就在大家为走哪条道感到困惑的时候，朱先生突然发现了其中一条路边的果皮。他清楚地记得，这些果皮是他们来时吃水果扔下的。"我知道怎么走了，"朱先生指着地上的果皮说，"这些东西是我们扔的，只要找到这些东西，就能找到刚才走过的路了。"

"对呀，刚才下山时我们休息过几次，每次都吃过水果，还随手扔过果皮，没想到它们却成了迷路的指引牌。"两位女孩既为乱扔果皮的行为惭愧，又为找到方向而高兴。

一路上，当大家感觉走错路的时候，便开始寻找下山时扔在地上的果皮、矿泉水瓶子等物品。借助这些曾经被他们扔掉的垃圾，一行人于当日 12 时走出困境，顺利地返回了南天门。

这个事例告诉我们：第一，户外运动一定要选取大路，在没有十分把握的情况下，最好不要走偏僻陌生的小路、草丛或山林；第二，在雾中迷路不得不原路返回时，要留心观察路上及四周的情况，特别是来时遗留下的垃圾、物品等，依靠这些信息找到来时的路。

留下求救标志

上文中的朱先生等人依靠果皮走出困境，不过，这些果皮是无意间扔在路边的，因此，只能说他们是无意间帮了自己的大忙。

专家告诉我们，被大雾困住时，为了获得救援，有时必须有意在路上留下一些物品作为求救标志。

2014 年 4 月 20 日，江西省中西部的武功山地质公园。上午 11 点32 分，一名叫周水根的人在办公室接到紧急求救电话："有 9 名杭州驴友下山途中被困雾中，位置大概在九龙山一带，最小的 48 岁，最大的 60 多岁……"

周水根是江西省萍乡市常驻武功山的红十字会蓝天救援队队长，他在武功山工作多年，对许多游客实施过救援和帮助。这天上午接到电话后，他立即组织了 4 名队员，带上装备前往九龙山路段营救被困人员。

九龙山是武功山地质公园的一部分，那里风光秀丽，景色旖旎，但峰峦丛生，地形险要。周水根和队员们进山后，发现山里大雾弥漫，能见度不足 5 米，放眼望去，面前只剩下一片白茫茫的世界。被困驴友的位置很不确切，再加上电话无法打通，所以救援工作面临极大困难。周水根他们在山上搜寻了两个小时，连被困驴友的半点踪迹都没有发现。

"瞧，那是什么？"当搜救队来到一个路口时，眼尖的副队长刘明突然指着前面不远处叫了起来。

大家顺着他手指的方向看去，只见路边上有一个丢弃的矿泉水瓶子，不过，仔细观察，大家发现这个矿泉水瓶子被两个石头压住指向前方——很明显，这是一个求援标记。

"嗯，从瓶子的色泽来看，它应该是这几天留下的。"周水根和刘明一合计，判断这瓶子很可能是被困驴友留下的标记，于是决定按标记指示往前走。

途中，他们又发现了一个矿泉水瓶子。这个瓶子与前一个一样，依然被两块石头压住指向前方，可以说，两个瓶子都是有规律地摆放的，至此，周水根他们明白了：这一定是有经验的驴友迷路后有意置放的路标，只要按照路标一直搜寻下去，一定能找到他们！

果不其然，救援队沿着指示一路搜寻下去，大约半个小时后，终于发现前方的雾气之中，有红色身影在晃动，大家上前去一问，他们果然是被困的 9 名杭州驴友！

原来，这 9 名驴友 19 日晚在九龙山上住宿，20 日一早从山上下来，走到半山腰遭遇了大雾，由于对山中道路不熟悉，他们很快便迷路了，怎么也找不到下山的路。

不过，他们并没有慌乱，因为这都是些走南闯北的资深驴友，他们想到的第一条措施是报警求助，但山腰一带的手机信号十分微弱，他们在发出一个求救短信后，便再也无法和外界联络了。

"山上的雾太大，手机又打不通，即使山下的救援队收到短信来救我们，恐怕也不能找到我们的确切位置，"领头的驴友说，"咱们动手做点指示标志吧，这样他们或许会很快找到我们。"

可是用什么做标志呢？驴友们思考一番后，决定利用喝水后剩下的矿泉水瓶子。他们在几个路口分别做了标记，然后集中在一处地势较为平坦的地方，静静地等待救援人员的到来。

三个小时后，驴友们便等来了救援人员，最终，在周水根他们的帮助下，9 人被安全转移到了山下。

这个事例告诉我们，当大雾弥漫迷路时，可用矿泉水瓶、树枝、鲜艳的布条或者其他肉眼比较容易看见的物体，尽量在岔路口留下明确标记，以便为救援人员指引方向；在等待救援的过程中，所有人应集中在一起，不要随意乱走乱动。

待在路边别动

如果在浓雾中独自迷路，身边又没有通信工具可以报警，该怎么办？

一个 10 岁小男孩迷路后的获救经历，也许可以给我们提供一些启迪。

这个小男孩，是浙江省遂昌县王村口镇的一名小学生。2014年 12 月 23 日下午，学校放学后，他独自一人朝回家的方向走去。小男孩的家，在一座大山的半山腰处，步行要一个小时左右。按照常规，他应该在 5 点半左右到家。可是，这天直到傍晚 6 点多了，小男孩依然没有回来。他的妈妈多次到村口眺望，但雾气缭绕的山道上始终不见人影。

今天怎么还没回来呀？妈妈心里有些着急了，赶紧沿着山道去寻找。

雾气很浓，几十米之外什么都看不清。妈妈一边走一边喊，走出很远了，可还是没有儿子的身影。此时天色渐渐暗了下来，在雾气的笼罩下，天地间一片昏暗。妈妈心里害怕了，赶紧拨打了丈夫的电话，丈夫一听也慌了，于是立即拨打了"110"报警电话。

当天晚上 7 时左右，王村口镇派出所接到报警后，立即组织了 20多人的搜救队展开搜寻。民警从小男孩父亲处得知，小男孩身上没有携带手机，无法联系上，也不知道他的确切位置。队员们对周边的村庄进行了地毯式搜索，但都一无所获。"小男孩很可能是迷路走进深山里去了！"民警与镇、村干部、学校老师、村民商量后，决定分成多路进山搜索。此时，天已经完全黑了下来，气温开始下降，山里异常寒冷。搜救队伍沿着通往小男孩家的山路，一边敲锣，一边大声呼喊他的名字。到达小山村与其父亲会合，但仍未发现小孩踪迹。

搜救了 6 个小时无果后，民警决定扩大搜索范围。这时搜救队人员增加到了 40 多人，大家分成几个小组进入山中寻找。功夫不负有心人，第二天早上 7 点半左右，人们终于在一处用于运输木材的索道旁发现了走失的小男孩。

此时，距离小男孩失踪已经过去了 10 多个小时！在这 10 多个小时的时间里，他是怎么度过的呢？

原来，这天放学后，小男孩像往天一样背着书包回家。但走到一半路程时，山中突然起了大雾，天色也迅速变暗了。小男孩感到十分害怕，他一边摸索着往前走，一边呼喊爸爸妈妈——当然了，静寂的山路上，没人能听到他的呼喊。经过一个路口时，由于雾气影响，他不知不觉走错了方向。等他发现情况不对时，已经进入了深山之中，这时夜幕降临，再加上大雾笼罩，他完全辨不清方向了。

周围全是茂密的树林和灌木，来时的路也找不到了。面对绝境，小男孩反而冷静下来了，他想：只要找到路，一直待在路边，就一定会有人前来营救！于是，他摸索着在山上寻找，最后终于发现了一条运输木材的索道。他就在这条索道旁蜷缩下来，瑟瑟发抖地度过了一个晚上，直到第二天一早被搜救队发现。

"如果他不待在索道旁边，而是钻在树林或灌木丛中，可能我们还很难发现他。"参与救援的一个村民如是说。

小男孩的获救经历告诉我们：如果在大雾中迷路，无法与外界联系时，一定要找到路，并在路边待下来等待救援！

另外，专家也告诉我们，在深山里迷路时，如果较长时间无人来救援，可顺着山沟的方向一直往下走，同时要特别注意安全，谨防滑倒受伤或坠落山崖。

大声呼喊求救

上面说的是在深山遭遇大雾迷路的情况，在那种情形迷路，因为附近没人，所以只能耐心等待。

但如果迷路的地方离人群较近，有时大声呼喊或许能很快获得救助。

2015年5月3日傍晚，在山东烟台市开发区海滨，一名年轻男子带着工具，在海边寻找着什么。这个男子姓胡，平时就在开发区的一家公司上班。下班之后，胡先生喜欢赶海，经常在潮水合适时到海边挖蛤，而且每次都小有收获。

这天傍晚，胡先生又一次来到了河流入海口的地方挖蛤，不过，这次他却没有往天的运气：在海滩上找了半天，也没挖到几只蛤。"我就不信挖不到！"胡先生不甘心，继续在海边寻找。不知不觉，天色暗了下来，海边突然起了大雾，浓密的雾气迅速把整个海滩笼罩了起来。胡先生正埋头挖着，突然感觉眼前一片昏暗，抬头一看，心里不禁"咯噔"一下：眼前一片白茫茫，分不清哪是陆地，哪是海。"糟糕，我得赶紧回去，否则潮水涨起来就麻烦了。"胡先生连忙收拾好工具准备回去，可在大雾的笼罩下，他竟无法辨别岸边方向，只好凭着感觉往前走。

走了一圈又一圈，胡先生还是没找到岸边。"哗哗哗哗"，这时海潮开始上涨了，潮水像千军万马般向他涌来。望着周围不停上涨的海水，胡先生十分着急，他意识到危险正一步步向自己逼近。

怎么办？情急之中，胡先生想起平时天气好的时候，附近的海岸边总有不少渔民在活动。"也许今晚他们也在附近，只要引起他们的注意，有人过来，我就能得救了……"想到这里，他不顾一切地大声呼喊起来："救命啊，快来人救命啊！"

喊了一遍又一遍，五六分钟过去了，他的嗓子开始嘶哑，但周围无人应答，也没人来救助。莫非我今天要被困死在这里？就在他感到绝望的时候，远处传来了渔船马达的轰鸣声。

"快来救命啊！"胡先生赶紧使出吃奶的力气，一声接一声地大喊起来。

几分钟之后，一艘渔船穿越雾气开到了他面前。看到开船的渔民，胡先生百感交集，心里一直悬着的石头终于落了地。

"真是太感谢你了！"他紧紧握着渔民曲某的双手，不停地说着感激的话。而曲某在问明情况之后，也不禁替胡先生松了一口长气。

原来，曲某在入海口的海岸边搞了一个养殖场，10分钟前，他在养殖场里巡查时，突然听到外面有人喊救命，于是立刻放下手中的活，用拖拉机把岸上的渔船拉到海里，启动后赶来救人。

把胡先生送上岸后，曲某又开着自己的私家车绕过河，把他送到了开发区的家里，这让胡先生十分感动。

应该说，胡先生是幸运的，他遇到了一位好心的渔民，不过，如果当时他没有大声呼救，谁也不会知道他被困在了海滩上。从这个事例中，我们可以得到这样的启迪：当大雾迷路被困时，如果离人群较近，不妨大声呐喊呼救。

专家也指出，被大雾困住时，若随身携带有口哨，可以不间断吹口哨以引起别人注意，当然了，如果没有携带口哨，那就要大声呼救，但呼救也不宜太过频繁，以防止体力过多浪费。

点燃衣服求救

海雾，是海洋上的危险天气之一，它对海上航行和沿岸活动的影响很大。

如果驾船出海时不幸遭遇海雾，应该怎样逃生呢？

2013年5月15日上午，福建省漳浦县碧空如洗，蓝蓝的天上飘着些许洁白的云朵。见天气十分晴好，该县古城村一个叫陈银来的渔民像往常一样，驾着自家一艘带马达的小渔船，出海捕捞鱼虾。

陈银来今年51岁，是一名在海上闯荡了大半辈子的资深渔民，可以说，大海就是他的家，也是他的衣食父母。这天，他把渔船驶出外海后，开始欢乐地捕捞起来。下午两点左右，老陈已经捕捞了许多鱼虾，然而，就在他准备打道回府时，天气突然发生了变化：天空云层压得很低，海面上起了大雾，四周看上去一片迷蒙，令人分不清东南西北。老陈出海几十年，几乎天天与大海打交道，但这样突然而至的大雾天气却很少碰到。尽管心里有点紧张，但他觉得凭借自己过去的经验，要找到回去的航线并不是难事。于是，在大雾弥漫、方向不明的情况下，他凭着感觉，驾驶渔船继续行驶。

很快，老陈就为自己的自信付出了代价：他迷失了方向！本该两个小时就可以抵达岸边的，可是到了下午5点多，他的渔船还在海上行驶，四周依然是白茫茫的大雾，更要命的是，小渔船的柴油已经完全耗尽了。没有了动力，渔船就像断线的风筝一样，任由风吹着在海上漂流。

随着雾气渐浓，海面上的能见度越来越差，老陈心里的小紧张渐渐演变成了大惊慌。凭直觉，他感到自己离回家的航线已经越来越远了。

一向自信的老陈，不得不想到了求救这条路，他站在船头上大声呼喊起来，希望能引起过往船只的注意……

"有船过吗？这里有人需要帮助！"

老陈的喊声在茫茫大海上飘荡，可是一个多小时过去了，四周根本没有一条船经过。

在呼喊求救的同时，老陈还不停拨打家里的电话。手机信号时有时无，直到傍晚6点多，他才打通了家里的电话。

家里人迅速报了警，可由于当时天已经黑了，海上能见度几乎为零，再加上遭遇大风袭击，救援部门也无法出海营救。

身处绝境，老陈只有依靠自己了。这时海面上的风浪越来越大，一个接一个的浪头打来，几乎要将渔船打翻。老陈紧紧抓住船的边缘，努力使自己不被风浪打下去。

除了应付风浪，老陈还要时刻关注周围的环境。为了让过往船只能在夜色和雾气中发现自己，老陈决定想办法弄一个可以发光的东西，这样既能警示，也能求助。

可是船上并没有任何发光的东西，连一只小小的手电筒也没有——原本以为中午就能回家，所以他并没有准备发光设备。

不过，老陈很快便想到了办法，他把身上的衣服脱下来，撕成了三块，然后蘸上了船上残余的一点柴油。

当晚10点多，老陈点燃了第一块布条。火很快燃了起来，火光驱散了黑暗，在海面上映出了一方光亮。不过，火光只持续了十多分钟便熄灭了。

凌晨2点多、3点多，老陈又分别点燃了剩下的两块布条，当最后一块布条快要燃尽时，天空突然下起了暴雨。一整天没吃没喝的老陈感觉腿一下软了，他拼命睁开眼睛，咬紧牙关，让自己硬撑着。

第二天一早，天刚蒙蒙亮，边防所民警便开始了救援行动。所幸的是，老陈的手机一直保持着畅通，民警根据手机定位，最终找到了全身湿透、已在海上漂流了二十多个小时的老陈。

在这个事例中，虽然老陈在雾气中点燃衣服并不是他获救的直接原因，但专家对此却给予了充分肯定：在黑夜和雾气笼罩的大海上迷路，点燃衣服、发出光亮可以说是获救的唯一希望，只有如此，才能引起海上过往船只的注意而得到救助。

啃树桩保命

遭遇海雾，能及时获救是很幸运的，但如果不能获救、较长时间漂流在海上时，该怎么办呢？

广西两个渔民在海上迷途七日漂流的经历，可以说给我们提供了很好的启迪。

2003年1月26日清晨，天气晴朗，位于珠海市附近海域的万山群岛一早便热闹了起来，渔民们的船只来来往往，很快打破了这里的宁静。捕鱼的渔民中，有一个人叫阿黄，他来自广西百色平果县。10年前，阿黄便在香港老板的渔船上打工，后来自己筹钱买了一只快艇，与一个叫阿江的同乡一起结伴出海捕鱼。近半年来，他们的小艇经常往返于万山群岛之间，早上出海，天黑收网，过着悠哉游哉的渔家生活。

　　这天清晨6时，阿黄和阿江一起，驾驶着打鱼的快艇驶出了港口。与往天一样，他们带上了八宝粥、面包和矿泉水。出海之前，细心的阿黄还认真收听了天气预报，得知第二天将会有大风后，他和阿江商量：今天早早收工，当天晚上返回万山岛。

　　快艇驶到预定的海域后，两人开始捕鱼。这天的进展非常顺利，下午4时左右，他们将捕捞上来的几十斤大鱼放进舱柜，开始掉转船头，向万山岛方向驶去。

　　快艇开出不远，两人便傻眼了：海面上不知什么时候起了大雾，弥天雾气像一张无边无际的大网，正迅速吞噬着整个海面。很快，他们的快艇被大雾笼罩了起来。两人向四周张望，海面上一片苍茫，十几米外什么都看不见。由于船上没有指南针，他们只能凭着感觉继续向前开。

　　一个多小时过去了，快艇还是没有驶出茫茫大雾，而万山岛的海岸则不知在什么地方。"我们这是在哪儿？"两人猛然意识到：迷路了。然而，更糟的事情还在后头，正当阿黄准备继续试航摸索方向的时候，发现快艇的燃油用光了！

　　两人赶紧拿出手机，准备向陆地求救，可是手机一点信号也没有，整个海上一片死寂。完了！他们只得抛锚，停留原地等待救援。

　　倒霉的事情接踵而至。午夜时分，海上突然起风，一个大浪汹涌打来，海水疯狂灌入船舱内。等他们把水排干时，放在舱柜里的手机已被海水浸湿，他们彻底失去了求援工具！

　　情况十分危急，阿黄凭着多年的海上经验，赶紧起锚，为给小船减压，他和阿江还把船上的箩筐、铁桶和几十几斤海鱼通通丢到了海里。随后，两人把船上唯一的两个泡沫箱绑在身上，任由船在海里漂浮。

　　之后的几天，海上都是大雾天气，四周除了海水，他们看不到任何东西。携带的食物和淡水早就没了，在迷航的第四天，他们不得不开始喝自己的尿液解渴。在十分饥饿的时候，一天早晨，他们看到一根香蕉树桩漂浮在海面上，两人喜出望外，连忙把它打捞上来。香蕉树的外部已经腐烂，但里面仍然鲜嫩，两人几下把外皮剥了，抓起里面的叶肉就往嘴里送。那酸涩的液汁流在嘴里，却让他们觉得无比清香。

依靠这根香蕉树桩，两人度过了最难熬、最困难的时期。第七天，快艇终于漂到了一个岛上，两人以最后一点力气爬下快艇后，双双倒在沙滩上昏迷了过去。当他们被人救起苏醒过来，才知道这里是海南岛！

七天七夜，阿黄他们在茫茫大海上长时间漂流后终于获救，除了依靠坚强的意志外，那根香蕉树桩也起了至关重要的作用。这个事例同时启迪我们，第一，在海上遭遇大雾迷航时，要迅速向外界求救；第二，当向外界救援的希望泯灭后，不要灰心，更不要绝望，要以积极的心态想法自救；第三，在海上漂流时，除了与风浪搏斗外，还要想法从海中捞取一切可以食用的东西，比如鱼虾、树桩、椰果等，并尽量保存体力，等待外界救援和其他机会。

打开车门逃生

现在，我们来说说大雾影响下，在陆地行车遭遇险情时的逃生。

2012年2月21日晚上，长江口一带大雾弥漫，上海长兴岛周边能见度不足5米，不但导致水上交通停运，陆地行车也受到严重影响。

当晚 10 时左右，长兴岛上某厂港区内，一名姓宋的男子驾驶一辆轿车沿江行驶。雾气实在太浓了，四周一片迷蒙，车前几米远的路面都不太能看清。宋某小心翼翼地开着车，今晚他本不该出来的，可是厂里打来电话，要求他立即前去检修机器，不得已，他只好冒着浓雾开车上路。

开了好一会儿，面前仍然是茫无际涯的浓雾。"江边应该快到了吧？"宋某心里刚刚冒出这个念头，突然之间，透过乳白色的雾气，他看到轿车前缘出现了江堤。刹车已经来不及了，转眼之间，车轮冲过堤岸，连人带车直接冲到了长江中。

轿车坠入江中的瞬间，宋某脑海一片空白。不过，他很快便清醒过来。此时，轿车在水中一点一点地下沉。"如果不逃出去，汽车沉底我就完蛋了！"他赶紧用手去拉车门，连拉了几下都没有拉开。情急之下，他猫身站起来用脚猛踹，很快，紧闭的车门被踹开了，同时，江水"哗"地一下涌了进来，他拼命游出驾驶室，高声呼救起来。听到呼救声后，正在附近巡逻的长江公安民警立即赶到事发地点，并联系该厂区内的保安找来绳索，很快将宋某从江中救了起来。

雾天开车坠河的事例不在少数。2013 年 1 月 23 日夜间，天津市被大雾笼罩，很多地方能见度不足 50 米。凌晨 1 时许，在该市的瑶琳路上，一辆黑色轿车正向前行驶，车灯刺破黑暗，映亮了路边的景物。开车的是一名中年男子，因为夜间道路空旷，再加上急于想回家，他把车开得很快。突然之间，他看到雾气包裹的前方道路上，似乎有小动物在爬行。"糟糕！"他一激灵，连忙去踩刹车。可是车不但没有刹住，反而以更快的速度向前冲去——忙中出错，他误把油门当成了刹车！

轿车冲出去后，一下掉进了路边的河中。这条河比较宽阔，河水也较深，很快，轿车便被淹得只剩了一个车顶。中年男子连忙去拉车门，然而由于车外水压很大，车门怎么也打不开。形势万分危急，他试探着去摇车窗玻璃，幸运的是，车窗还能摇动。

车窗摇开后，河水迅速灌进车内，他打开车门从里面爬了出来。由于轿车离岸边还在五六米距离，再加上体力已经耗尽，他再也无力上岸。附近的小区居民赶到现场后看到：车主惊恐地站在车顶上，在寒风中冻得瑟瑟发抖。大家连忙帮助报警，并齐心协力把这位死里逃生的车主拉到了岸上。

这两起事例告诉我们，雾天开车一定要特别小心，车速切勿过快，若不幸发生落水事件，驾驶员一定要保持镇定。一般来说，汽车掉进水里后会浮在水面3～5分钟，这是非常宝贵的求生机会，所以应把握好开门的时机。专家指出，不要在车辆刚没入水中时便试图打开车门，要等到水从通风口进来淹到人的腋下，车内外压力逐渐均衡时，车门才容易打开；开门后，要憋一口气浮出水面。

专家还指出，如果汽车变形或水压较大，车门一下子打不开时，应马上打破露出水面的那扇车窗，并迅速从里面爬出来。

逃离高速路

由于车流量大，车速快，高速路一直是个危险的地方，尤其是在雾气笼罩的时候。

2013年11月22日上午，安徽省六安—合肥的高速公路上发生了一起严重车祸，几十辆车追尾碰撞起火，导致十多人伤亡。

制造这一惨剧的，便是无处不在的雾。这天早上，六安—合肥的高速路上雾气很大，特别是发生事故的江淮运河大桥段，因桥下是河流，水汽充足，形成的雾气更加浓厚，导致这里的能见度几乎为零。上午 10 时许，一辆辆汽车在这里先后发生追尾，事故现场十分惨烈：绵延两千米的路段上，每隔几米便有几辆车"咬合"在一起，碰撞变形的汽车宛如变形金刚；在运河大桥上，20 余辆汽车"挤"在一起猛烈燃烧，其中一辆装载烟草的大货车腾起的火焰足有 5 层楼高，燃烧产生的巨大烟柱直冲云霄，将天空染成一片漆黑。

而同样是在这个上午，有人却小心驶得万年船，因谨慎驾驶而保住了平安。

秦先生是一位轿车司机，这天早上，他从河南开车过来，到达六安市时，高速路上的雾气越来越浓，能见度十分差。正当他有些担心时，前方出现了一辆安装显示屏的引导车，提醒大家雾天减速慢行。同时，引导车上还有人用扩音器不停呼喊，要求后面车子不要超车，都跟在引导车后方慢速行驶。秦先生赶紧把车速降下来，自觉跟在引导车后面行进。不过，当时也有两辆大货车不听从引导车的指引，司机反而加大速度，从车队前面超了过去。

仅仅过了几分钟，前面便发生了车祸。当秦先生他们的车到达事故现场时，发现之前超车的两辆货车都撞到车堆里去了，其中一辆货车的司机已伤重身亡。"幸亏听从了引导车的指引，车子开得很慢，否则后果不堪设想！"见此惨状，秦先生和其他司机都感到十分后怕。

一名姓张的妇女当时坐在一辆大客车上，大客车与前面的一辆挂车追尾后，整个车头都挤进了挂车尾部，司机当场身亡，车上也有很多人受伤。张女士还算比较幸运，她毫发未损地从车上下来后，看到现场一片混乱，到处是"砰砰砰"的声音，于是赶紧跑到了高速路边。刚刚翻过护栏，便看到一辆银色轿车亮着灯从浓雾中冲了过来，她急忙大声提醒："前面撞车了，快停下！"司机迅速把车刹住，打开车门从里面跳了出来，他刚跑到护栏边上，后面一辆大货车便冲了过来，"轰"的一下，直接将他的轿车推到了前面的客车底下……看着已成一堆废铁的轿车，这名司机对张女士感激不已："如果晚几秒钟，我就会连人带车被卷到客车底下去了！"

然而，另外一些人却没有这位司机这般幸运了。在事发现场，一辆中巴车被一辆黑色轿车追尾后，车上的乘客们赶紧从车上下来，大部分人迅速跑到了护栏外面的安全地带，但有 5 名乘客却不慌不忙，他们慢腾腾地沿护栏内侧往前走，结果没走出几步，后面一辆大货车刹不住冲了上来，这 5 名乘客全被撞飞，鲜血染红了路面……

这起特大车祸警示我们，行车出现大雾天气时，作为驾驶人员，首先要控制好车速。当能见度小于 100 米时，时速应控制在 40 千米以内，而当雾气特浓、能见度只有 10 米左右时，时速应控制在 5 千米左右。其次，在高速公路上突遇大雾，若听到前方有车辆撞击的声音时，应在确保安全的情况下迅速将车停在路边，车上人员要赶紧撤离，翻过护栏在路边等候，同时，司机要马上沿着路外侧走到车后 150 米处设置警示标志，然后迅速撤到护栏外面。

穿上救生衣

前面我们讲过，大雾是航空飞行的大敌，雾天很可能会造成空难事故发生。如 2016 年 3 月 19 日，一架从迪拜起飞的波音客机，在飞到俄罗斯南部城市罗斯托夫时，由于大雾弥漫，机场上能见度差，加上机长操作有误，导致飞机在下降时坠毁起火，机上 55 名乘客全部遇难。

一般来说，飞机坠毁，机上人员生还的可能性很小，除非飞机坠落在水面上，乘客才可能有生还的希望。

下面，咱们通过一个事例，去了解飞机落水时如何逃生自救。

2015年3月20日下午5时许，安徽省合肥市。在城市西北方的郊区，一架小型直升机如银鹰般展开翅膀，在空中缓缓翱翔。

直升机上共有两人，坐在副驾驶位置上的人叫李某，是合肥市一家机械施工公司的老板，也是这架直升机的主人；驾驶飞机的，是他公司的小王。这天的天气不是太好，天空阴沉，云层较低，不太适合飞行，但两人还是坚持起飞，向城市郊区的董铺水库徐徐飞去。

董铺水库位于合肥市西北近郊，系巢湖支流南淝河的上游，是一座以城市防洪为主，结合城市供水、农业灌溉、水产养殖等多种用途的大型水库。由于水体面积巨大，水汽充沛，董铺水库及周边一带时常有雾气生成。3月20日这天下午，水库上便出现了弥天浓雾，雾气遮天蔽日，分不清哪是水面，哪是岸边。当李某和小王驾驶直升机到达这里时，发现下面白茫茫一片，宛如人间仙境般美丽飘逸。

雾景美不胜收，但也给他们的飞行带来了困扰。直升机起飞的时候，飞行高度只有100多米，他们在城市上空时，还可以将楼房作为飞行参照物，但到了水面上，面对茫茫大雾，驾驶飞机的小王根本看不到任何参照物，只能凭着经验飞行。

当直升机飞到大坝上空时，因为担心飞机会撞到坝体，李某显得非常紧张，他两眼盯着下面白茫茫的世界，手紧紧揪着飞机座椅。"雾太大了，我们回去吧。"他对小王说。"好！"小王答应一声，他准备先让飞机悬停，然后再掉头转向。然而，就在悬停的一瞬间，直升机突然失控，像一只断线的风筝掉落了下去。

完了！李某大脑一片空白，直到机体撞到水面，他都忘了松开飞机上的扶手，结果由于飞机剧烈震动，他的右手被粉碎的玻璃割破了。

剧烈震动过后，直升机一头钻到了水里，河水很快涌进驾驶舱。李某忍着疼痛，奋力解开了安全带。他推了推舱门，门打不开，他就拼命往上游，从破碎的玻璃窟窿里钻出来，游到了水面上。

自身安全后，李某才想起了小王，他知道小王的水性没自己好，于是打算换口气后，钻下水去救小王。但就在此时，小王也浮上了水面。"好了，慢慢游吧，只要游到岛上就能得救。"李某此时已经筋疲力尽，但还是奋力向前游去。

河水有些冰冷，波浪也很大，游了没多久，他的体力便不行了。有那么几次，他感到自己就要死了，也想放弃算了。不行，如果我死了，我的家庭和孩子咋办？想到这里，他又坚持了下来。游到岛上后，李某立刻瘫倒在地，而这时，他发现身后的小王并没有跟上来。

李某最终获救，而他的同事小王却不幸遇难。事故发生后，无不令人感到惋惜：假如他们当时在应急状态下能穿上救生衣，小王便不会溺水死亡了！

专家告诉我们，一般在飞机上都备有救生衣，救生衣分为红色和黄色两种（红色供机组人员使用，黄色供乘客使用）。若飞机失事迫降在水面上时，救生衣可以保护我们不致溺水。同时，救生衣艳丽的颜色还可以让救援人员很容易发现我们。此外，飞机若不是迫降在水面上，而是在远离机场的偏远地方迫降时，穿上救生衣也可以使我们在空旷地带较为显眼，以便救援人员及时发现，并且在低温、强风和冰雪覆盖的地区，穿救生衣还可以起到御寒的作用。

所以，当我们乘坐飞机时，一定要学会如何穿戴和使用机上的救生衣！

关注大雾预警

前面，咱们介绍了大雾逃生自救的相关知识。专家指出，雾天出行，收听（看）天气预报是关键，只有根据预报来指导出行，才能最大限度地避免灾难发生。

咱们先来看一个事例。

2009年12月的一天，几个成都人到四川名山县一个叫双龙峡的地方去游玩。双龙峡是一个拦河筑坝而成的人工湖，湖面宽阔清澈，两岸风光旖旎多姿，但那里冬天的雾日特别多，雾起时湖面百米内不见来人。几个成都人租了一只游船，在雾气缥缈的湖面上游玩。船老板一边开船，一边给他们摆起了"龙门阵"。

"我们这里常年的自然灾害，除了夏季的暴雨外便数冬天的雾了，当然没开船之前，没感觉到雾有多讨厌，现在买了船开，才晓得雾确实可怕，"他指着眼前缥缥缈缈的雾气说，"刚开船后不到一个月，我就在虾子口那边撞了好几次，把船头的铁皮都撞裂了……""那你们怎么避免这种情况呢？"一名成都人问。"看天气预报呗，现在双龙峡上电视了，每晚的名山新闻一过，我都要关注风景区天气预报，"船老板滔滔不绝地说，"不但电视可以看预报，打'121'也可以，可方便了。""那天气预报准吗？"大家饶有兴趣地问。"还行吧，这大雾天气，十次总有七八次是准的……"

专家告诉我们，为防御大雾灾害，气象部门制定了大雾预警信号，分为三级，分别以黄色、橙色、红色表示，其中红色是最高级别。

黄色预警信号发布标准：12小时内可能出现能见度小于500米的

雾，或者已经出现能见度小于 500 米、大于等于 200 米的雾并将持续。这时应做好以下防御工作：一是有关部门和单位按照职责做好防雾准备工作；二是机场、高速公路、轮渡码头等单位加强交通管理，保障安全；三是驾驶人员注意雾的变化，小心驾驶；四是户外活动要注意安全。

橙色预警信号发布标准：6 小时内可能出现能见度小于 200 米的雾，或者已经出现能见度小于 200 米、大于等于 50 米的雾并将持续。这时应做好以下防御工作：一是有关部门和单位按照职责做好防雾工作；二是机场、高速公路、轮渡码头等单位加强调度指挥；三是驾驶人员必须严格控制车、船的行进速度；四是减少户外活动。

红色预警信号发布标准：2 小时内可能出现能见度小于 50 米的雾，或者已经出现能见度小于 50 米的雾并将持续。这时应做好以下防御工作：一是有关部门和单位按照职责做好防雾应急工作；二是有关单位按照行业规定适时采取交通安全管制措施，如机场暂停飞机起降，高速公路暂时封闭，轮渡暂时停航等；三是驾驶人员根据雾天行驶规定，采取雾天预防措施，根据环境条件采取合理的行驶方式，并尽快寻找安全停放区域停靠；四是不要进行户外活动。

宅在家里少外出

现在，咱们来说说防御霾的相关知识。

由于霾的危害主要是在城市，而且这家伙经常与雾混在一起，所以咱们把它们合在一起，主要介绍城市雾霾天气下的自我保护。

2015 年 1 月，放寒假后没几天，家住成都市的小明便感到身体不适,不时出现咳嗽、打喷嚏、流鼻涕的现象,妈妈以为他感冒了,于是带他到医院去看医生。

"这两天早晨,你出去锻炼过吗?"医生问道。

"放假后,我每天都早起跑步锻炼,这几天都没有间断。"小明回答。

"这就对了,你一定患了上呼吸道感染。"医生肯定地说。

"锻炼也会生病?"小明有些不解地问。

"锻炼是会增强体质,不过,这两天上午有雾霾,在这种天气里锻炼,极易感染呼吸道疾病。"医生解释。

这是怎么一回事呢?

原来,城市中出现的雾多为辐射雾,一般在夜间生成,日出气温升高后便迅速消散,而凌晨这段时间正是浓雾的高峰期,再加上城市中的污染物在大雾天气不能及时排出,大量颗粒物混杂在雾滴中,因而形成了可怕的雾霾。医生告诉小明,人体的鼻子、嘴等呼吸系统与外界环境接触最频繁,而且接触面积较大,因此数百种大气颗粒物能直接进入并黏附在人体呼吸道和肺叶中,引起眼结膜炎、鼻炎、气管炎、喉炎、肺炎和过敏性疾病等多种病症,尤其对患有慢性支气管炎和肺炎等疾病的患者来说,病情还会急性加重,甚至出现呼吸衰竭,进而危及生命。

医生还告诉小明,雾霾天除了危害呼吸系统,对人体还有几大伤害:一是伤害心脏。霾中的颗粒污染物不仅会引发心肌梗死,还会造成心肌缺血或损伤。美国在调查了2.5万名有心脏病或心脏不太好的人后,发现PM2.5增加到10微克每立方米后,病人病死率便会提高10%~27%。二是影响心血管系统。雾霾天气下,空气中污染物多,气压低，容易诱发心血管疾病的急性发作，特别是雾大的时候，水汽含量非常高，人们若在户外活动和锻炼，人体的汗不容易排出，还会造成胸闷、血压升高等。三是传染病增多。雾霾天气会导致近地层紫外线减弱，使得空气中传染性病菌的活性增强，细颗粒物会"带着"细菌、病毒进入人体，从而造成传染病增多。四是伤皮肤。皮肤也有呼吸功能，在干净的空气里，皮肤会很舒适、滋润，但如果在雾霾天这样的污染环境里，皮肤会很快受到伤害。

那么，雾霾天怎样才能保护自己不受伤呢？专家支招：宅在家里，减少外出！当出现中、重度雾霾天气时，一定要减少暴露在室外的时间，降低室外活动强度，特别是患有心脑血管等慢性病的人，更要减少室外活动时间；即使外出，也要避开早晚时间，选择在午后出行，并要戴上防护口罩；为降低空气污染物从室外到室内的渗透速率，在雾霾天气里，还应紧闭门窗，以减少室内 PM2.5 的浓度。

专家还建议，雾霾天应多饮水，并适当调节饮食，以清淡为主，可多吃富含维生素 A、β—胡萝卜素的食物，并根据自身情况选择润肺食物，如莲子、百合、排骨汤、银耳羹、鸭肉粥等，增强自身抵抗疾病的能力。

让室内绿起来

雾霾天来袭，宅在家里还不足以保护我们的安全，因为这样虽然可以减少污染颗粒物的侵袭，但却不能完全阻止它们的入侵。

专家指出，当雾霾严重时，尽管门窗紧闭，但还是难以达到完全封闭，这样室内的空气和室外还是相通的，室外的 PM2.5 等污染物依然能乘虚而入，从而使室内很难成为"一方净土"。另外，撇开室外的污染不说，室内的家庭装修及家具排放的甲醛和苯等有害化合物，以及抽烟、做饭产生的PM2.5也不可小觑。同时，如果长期不开窗通风，室内空气中氧含量不够，人体也会感觉呼吸不畅。

由此看来，雾霾天宅在室内也并非就能让人高枕无忧。那么，我们还该怎么做呢？

入冬以后，连续几天都是阴霾天气笼罩，空气中弥漫着一股刺鼻的气味。周六午后，嘟嘟跟着爸爸来到花卉市场，准备买几盆绿色植物抱回家。

"咱们家阳台上不是有许多花吗？怎么还要买呀？"嘟嘟感到有些不解。

"这次要买的是绿色植物，是拿来放在室内的，"爸爸解释说，"最近的雾霾天气比较严重，而且还可能会持续一段时间，我看报纸上说了，绿色植物放在室内可以有效减轻雾霾危害，所以准备买点回去。"

"是呀，在自家阳台、室内种植绿萝等绿色植物，确实可以净化空气，减轻雾霾危害。"现场一位园林专家点了点头，他告诉嘟嘟父子，房间内摆放一些绿色植物，不仅可以通过它们的光合作用，提高室内的氧气含量，降低二氧化碳的含量，同时植物中蒸腾出来的水分也有助于保持室内的湿度，改善室内空气质量，更重要的是，绿色植物有吸附空气中微尘的作用，特别是一些叶片表面积较大、有细微绒毛的植物，更能有效吸附空气中的可悬浮颗粒物。

"太好了，"嘟嘟转头对爸爸说，"老爸，咱们多买几盆吧！"

"家里的绿色植物也不是越多越好，"园林专家微笑着说，"尽管可以除尘放氧，但它们的摆放也有很多讲究，比如房子的入口处人来人往，就要尽可能不摆放脆弱的阔叶植物；在客厅和餐厅等空间较大的地方，适合集中摆放常春藤之类的植物，这样不仅能对付从室外带回来的细菌，还能够吸纳难清理的死角灰尘；在卧室则不要放置夜间呼吸作用强的植物，也不要摆放香味强烈的，因为这会造成呼吸不畅，影响睡眠。此外，在摆放植物时，还要看家庭中的人员而定，老人房内切忌放置大叶片植物，因为它们蒸发水分较多，释放到空气中后，对有风湿病的老人不利；家里有小孩的，则不要摆放观刺、观根类植物，以免小孩在玩耍时被刺伤……"

"当然了，光是让室内绿起来还不够，当雾霾很严重时，最好还应开启空气净化器，或选择一天中空气质量相对比较好的时段，保证至少开窗两次，"园林专家说，"在开窗通风时，可以在纱窗附近挂上湿毛巾，这样可起到一定的过滤、吸附作用。"

"好的，谢谢您！"嘟嘟和老爸连连点头。最后，根据园林专家的建议，父子俩选择了一些适合自家的绿色植物，高高兴兴地回家了。

从以上这个事例中，我们可以得出室内防雾霾的几个要点：第一，家中平时应摆放一些合适的绿色植物；第二，雾霾严重时，开启空气净化器；第三，在空气质量好的时段，尽量开窗通风。

心情郁闷听音乐

雾霾笼罩的天气里，人的心情如何？

大伙儿心里估计答案都是三个字：很郁闷！

为什么雾霾天气下我们的心情会郁闷呢？这有两方面的原因：一方面是低气压的影响。相信大家都有过这样的经历，阳光灿烂的天气里，我们会感到心情舒畅，精力充沛，而在阴雨天气下，则会感到情绪低落，提不起精神。这里所说的阳光灿烂，就是一种高气压天气，而阴雨天气则是低气压。雾霾与阴雨天气一样，也是一种低气压系统。一般来说，低气压由于空气质量相对较轻，氧气含量也比高气压少，所以人会提不起精神。另一方面是弱光线和暗色调的影响。很多时候，外界的色彩常会对人的心理产生影响，比如黄色表示快乐、明亮，绿色则给人一种安定、温和的感受，而灰色和黑色则使人感到郁闷、空虚、沮丧和悲哀。同样道理，晴朗天气下的明亮色彩，亦会使我们精神愉悦，保持良好心情，而雾霾天气则容易使人心情变差，情绪低落。此外，在雾霾笼罩下，如果长时间见不到阳光，人还会出现疲惫、烦躁不安、抑郁等情绪问题。

那么，雾霾天气下，我们该如何使自己快乐起来呢？

2016 年 1 月中旬，小明的学校放假了。然而，快乐的寒假生活刚刚开始，雾霾也随之来临。连续多日雾霾笼罩的天气，让小明感到心烦意乱：想出去玩吧，外面灰蒙一片，空气很糟糕；待在家里吧，又让人闷得慌。

"唉，这鬼天气还让不让人活？"看着窗外雾霾中隐隐约约的高楼，小明很无奈。他一会儿看看书，一会儿写写作业，但总是无法让自己安静下来。

"喵呜"，家里养的小猫咪不知道小主人的烦恼，它走到小明身边，在他腿上蹭了蹭。

"一边去！"小明心里一股无明火突然蹿起，一个旋风腿扫出去，猫咪惨叫一声，飞也似的逃了出去。

"小明，你怎么啦？"妈妈在厨房听到猫咪惨叫，连忙走到小明屋里察看。

"我心里很闷，偏偏它还来烦我。"小明没好气地说。

"猫咪不是你最喜欢的小伙伴吗？你怎么能这样对待它？"妈妈感

到很困惑。

"不知道，我心里烦……"

这时，正好爸爸从外地出差回来了。听妈妈说了情况后，爸爸把家里的电脑打开，选了一些轻快的音乐放起来，并给小明讲了出差途中的一些趣事，很快，小明的脸上露出了笑容……

听音乐能走出雾霾带来的烦闷吗？没错，心理专家告诉我们，雾霾天除了尽量减少外出，还应该注意自身情绪的调节，其中转移注意力是最佳方式：首先，你可以选一些轻松欢快的音乐来听，它们能让人释放心里的压力，让你从烦恼苦闷的情绪中尽快走出来；其次，可以看一些搞笑的喜剧片，或者读一本比较幽默的书，这些同样有减压效果；第三，你还可以与亲友多沟通交流，比如与爸爸妈妈聊聊天，说点有趣的事情等等，这些都有助于使自己的身心得到放松。

专家还告诉我们，雾霾天光线比较暗时，应尽量打开室内电灯，增强光线，饮食上可以补充一些维生素 D，以舒缓情绪。此外，原来就患有抑郁症的人，雾霾天容易加重，身边的人更应该注意护理照顾。

戴上防尘口罩

雾霾天，宅在家里虽然可以有效减轻颗粒物的侵袭，但对上班族和学生来说，也不可能一直待在家里。

当你必须外出时，如何应对铺天盖地的空气污染呢？

2015 年 10 月 23 日早上，江城武汉市笼罩在一片雾霾中，武汉长江大桥和江对岸的龟山电视塔变得隐隐约约，一片灰蒙。这天吃过早餐，某小学五年级的学生小张背着书包，准备骑自行车去上学，刚走出家门，妈妈便在后面喊了起来。

"妈，什么事呀？"小张回头不解地看着妈妈。

"今天雾霾这么重，你把这个戴上吧。"妈妈递过一个白色口罩。

"戴上鼻子不好呼吸，时间长了闷得很。"小张不太情愿。

"这怎么行？"妈妈急了，"专家都在电视中讲了，雾霾天要戴口罩，你怎么不听话呢？"

"好吧。"小张接过口罩戴上，骑车融进了自行车流中……

口罩可以说是雾霾天出行的一个法宝。在中国的北京、天津、沈阳、石家庄等大城市，每当雾霾出现时，大街小巷都会出现"口罩族"，这甚至已经成为了城市的一道独特风景。在国外，雾霾天戴口罩也是一种常见的选择。2010年夏天，由于频繁发生的森林火灾，俄罗斯首都莫斯科被厚重的烟霾笼罩，整个市区上空遮天蔽日，地面能见度仅数十米。随着烟霾加重，空气质量十分糟糕，悬浊颗粒含量比正常值超标2倍，而一氧化碳的浓度更是超出允许范围近3倍。人们感到呼吸困难，胸闷咳嗽，眼睛刺痛。为了防止呼吸道受损，居民们疯狂地抢购棉纱口罩与防毒面罩，莫斯科街头人们纷纷戴着口罩的场景就可想而知了。

专家指出，口罩对空气中的污染物能起到一定的过滤作用，因此戴口罩对于防范雾霾天气确实大有裨益。不过，由于每种口罩的材质、特性不一样，过滤效果也会有所不同，因此，我们在挑选口罩时，要尽量选择材质密实的，这样才能最大限度地阻隔雾霾颗粒物。同时，还要注意口罩是否有吸附层（吸附层可以将穿透口罩的颗粒物吸附）。

不过，正如上文中小张所说的那样，佩戴口罩时间长了，由于增加了呼吸阻力，容易导致出现缺氧、胸闷等情况，专家建议老人、儿童应权衡利害，最好根据在污染环境中暴露的时间及自身情况选择口罩类型：如果户外出行时间很短，可选择过滤性好的口罩，以达到最佳效果；而如果长时间在户外的话，则应根据身体状况选择兼顾透气性和过滤性的口罩。

除了佩戴口罩，雾霾天出行还须注意一个细节：这就是清洗鼻腔。专家指出，虽然有口罩保护，但我们的鼻子不可能每时每刻都置于保护之下，还是会积聚细菌、病毒和过敏源，因此，雾霾天外出回家后，最好用生理盐水清洗鼻腔——当然啦，在洗鼻腔的同时，手和脸也要洗干净喽。

关注霾预警

除了自身做好防范措施外，关注天气预报，也是我们避免"霾伏"危害的关键。气象部门专门针对霾制定了预警信号。

在中国，首次发布单独的霾预警是 2013 年。该年的 1 月 28 日，中国中东部地区出现了大范围雾霾天气，导致空气质量持续下降，其中北京市部分路段能见度降到 500 米以下，全市空气质量达到了"严重污染"等级。中央气象台发布大雾预警的同时，也发布了霾预警信号。之后，霾预警信号的发布日益增多。

与大雾一样，霾预警信号也分为三级，分别以黄色、橙色和红色表示，其中红色为最高级别。

黄色预警信号发布标准：预计未来 24 小时内可能出现下列条件之

一或实况已达到下列条件之一并可能持续：

1. 能见度小于 3000 米且相对湿度小于 80％的霾。

2. 能见度小于 3000 米且相对湿度大于等于 80％，PM2.5 浓度大于 115 微克每立方米且小于等于 150 微克每立方米。

3. 能见度小于 5000 米，PM2.5 浓度大于 150 微克每立方米且小于等于 250 微克每立方米。

这时应做好以下防御工作：一是驾驶人员小心驾驶；二是空气质量明显降低，人员需适当防护；三是呼吸道疾病患者尽量减少外出，外出时可戴上口罩。

橙色预警信号发布标准：预计未来 24 小时内可能出现下列条件之一并将持续或实况已达到下列条件之一并可能持续：

1. 能见度小于 2000 米且相对湿度小于 80％的霾。

2. 能见度小于 2000 米且相对湿度大于等于 80％，PM2.5 浓度大于 150 微克每立方米且小于等于 250 微克每立方米。

3. 能见度小于 5000 米，PM2.5 浓度大于 250 微克每立方米且小于等于 500 微克每立方米。

这时应做好以下防御工作：一是空气质量差，人员需适当防护；二是一般人群减少户外活动，儿童、老人及易感人群应尽量避免外出。

红色预警信号发布标准：预计未来 24 小时内可能出现下列条件之一或实况已达到下列条件之一并可能持续：

1. 能见度小于 1000 米且相对湿度小于 80％的霾。

2. 能见度小于 1000 米且相对湿度大于等于 80％，PM2.5 浓度大于 250 微克每立方米且小于等于 500 微克每立方米。

3. 能见度小于 5000 米，PM2.5 浓度大于 500 微克每立方米。

这时应做好以下防御工作：一是排污单位采取措施，控制污染工序生产，减少污染物排放；二是停止室外体育赛事，幼儿园和中小学停止户外活动；三是停止户外活动，关闭室内门窗，等到预警解除后再开窗换气,儿童、老年人和易感人群留在室内;四是尽量减少空调等能源消耗,驾驶人员减少机动车日间加油,停车时及时熄火,减少车辆原地怠速运行;五是外出时戴上口罩,尽量乘坐公共交通工具出行,减少小汽车上路行驶,外出归来,立即清洗唇、鼻、面部及裸露的肌肤。

关紧门窗防沙尘

最后,我们来说说如何防御浮尘和扬沙。

2013年3月9日,青海省西宁市遭到浮尘侵袭,往日湛蓝的碧空变成了土黄色,整个城市看上去一片灰蒙。当天,空气中弥漫着一股尘土气味,据气象站监测数据显示,浮尘最严重时,市区能见度仅为8千米。

这天一早,家住市区的李大爷和老伴儿本来要去公园锻炼的,结果一开门,看到外面情形不对,赶紧又退了回来。

"今天的空气怎么这么糟糕?昨天还是好好的呀。"老伴儿大惑不解。

"据说是从新疆那边吹来的沙尘,"李大爷打开收音机听了会儿说,"天气预报说了,这两天西宁都会有浮尘,部分地方还会有扬沙。"

"那早上的锻炼都不能进行了?"老伴有些失望。

"空气质量这么差,还锻炼啥呀?"李大爷摇摇头说,"这两天不但不能锻炼,还要尽量少出门才是……"

到下午2点,整个市区的浮尘越来越严重,街道上的汽车明显减少了许多,而行人几乎都戴着口罩,大伙匆匆忙忙,恨不得几步便赶回家去。

此时，李大爷正坐在家中，一边看书一边喝茶。看着看着，他忽然闻到屋里有一股尘土味，赶忙把老伴儿从厨房里叫了出来。由于他们住的房子是 20 世纪 70 年代修建的，有些地方已经有了些破损。老两口把所有的门窗都检查了一遍，并将一些缝隙用旧报纸堵好，屋里的尘土气味才渐渐消失了。

专家指出，浮尘天气对人体肺部的危害最大，因为沙尘中含有很多颗粒物，其中一些颗粒物能长驱直入眼、鼻、喉、皮肤等器官和组织，并经过呼吸道沉积于肺泡和胸腔，从而引起支气管炎、肺炎、肺气肿等疾病。此外，在浮尘天气里，人的眼、鼻、喉、皮肤等直接接触部位也会受到一定程度的损害，并表现为流鼻涕、流泪、咳嗽、咳痰等刺激症状和过敏反应，严重的还会导致皮肤炎症、结膜炎等。

所以，专家告诫我们，浮尘天气应尽量减少外出，在家中时要及时关闭门窗，尤其是抵抗力相对较弱的老人、小孩及慢性气管炎患者；若必须外出，最好能戴上防尘口罩、眼镜，阻挡风沙对呼吸道的

刺激；外出回家后，要用清水漱口并清理鼻腔，以减轻感染的几率。另外，浮尘天比较干燥，要多喝水，加快体内各种代谢废物排出，增强对环境的适应能力。

与浮尘天气相比，扬沙的危害更厉害一些。当大风裹着沙石、尘土到处弥漫时，所经之处空气浑浊，蔽日遮光，天气阴沉，不但会使呼吸道病人增多，而且对交通安全影响较大，严重时可造成汽车、火车车厢玻璃破损、甚至停运或脱轨。专家告诉我们，扬沙天气来临时，应采取以下防御措施：一是不要在广告牌和老树下逗留，避免广告牌和老树倒塌或断裂，危及生命安全；二是要及时关闭门窗，减少外出，

特别是老人和儿童。必须到室外活动时要戴上口罩，也可以用湿毛巾、纱巾等保护眼、口、鼻；三是扬沙天气里要少骑自行车，因为侧风时骑车极有可能被大风刮倒，造成身体上的损伤；四是一旦发现身体有明显不适，应及时到医院就诊。

雾霾逃生自救基本准则

下面，咱们一起来总结雾霾逃生自救的基本准则。

首先，是关注雾霾来临前的征兆。一般情况下，雾是在天空晴朗无云、无风或风力微弱、空气潮湿的条件下生成的，所以，当出现上述现象时，一定要警惕大雾天气。而霾的生成也有前兆：当天气长时间晴好、用煤取暖的地区变冷、附近有火山喷发或森林火灾发生时，都有可能出现霾。

其次，在野外遭遇大雾迷路时，首先要考虑自救，应学会利用指南针走出大雾困境，如果没有携带指南针，要赶紧拨打报警电话；手机信号不好时，可以到地势较高的地方去尝试"捕捉"信号；当外界的救援不可能时，要试着寻找来时的路，留心路边的果皮，或者留下求救标志，或者待在路边等待救援。若迷路的地方附近有人群，可以直接大声呼喊求救。

第三，海上乘船迷航时，在保全生命的同时，要拨打手机求救，或点燃衣服发出救援信号；飞机因大雾失事时，要做好一切保护措施，特别是要穿上救生衣；雾天开车坠入河中，要迅速打开车门逃生，若高速路上发生车祸，要赶紧跑到路边的护栏外。

第四，雾霾天气里，应尽量待在室内，减少外出的时间；为使室内空气得到净化，可以摆放一些绿色植物，或者开启空气净化器；心情郁闷时，可听听音乐，看看喜剧片让自己身心放松；在雾霾天不得不外出时，要戴上合适的防尘口罩，并在回家时及时清洗鼻腔。

当然了，防御雾霾天气的关键还是要多多关注天气预报，当气象部门发布了雾或霾的预警后，就要特别引起注意了。

雾霾灾难
警示

飞机撞击事件

　　大雾，是空中飞行的大敌，尤其是飞机起飞和降落时，雾气的影响很容易造成机毁人亡的事故。

　　1977年3月的一天，因大雾影响，大西洋上的特内里费岛便发生了一起飞机相撞的惨烈事件。

恐怖事件的惊扰

　　1977年3月27日，大西洋上的特内里费岛一片忙碌，一架架飞机发出巨大轰鸣声，先后降落在该岛的洛司罗迪欧机场上。

　　特内里费岛隶属于西班牙，这里靠近非洲海岸，是加那利群岛7个岛屿中最大的一个，面积为2060平方千米。这里位于热带，不但有美丽的碧海蓝天，而且阳光明媚，气候宜人。长期以来，特内里费岛都是欧洲的"后花园"，它一直是北欧人冬天避寒的最佳选择，同时，它还是南、北美洲游客进入地中海的门户，所以，这里的旅游业十分发达，每年都会有大批旅客乘坐飞机前往。

　　不过，1977年3月27日这天，特内里费岛显得更加忙碌，来这里的飞机比往常多了差不多1倍。

　　事件的起因缘于特内里费岛的"邻居"——加那利岛上发生的恐怖袭击事件。这天中午，加那利岛上的拉斯帕尔马斯国际机场发生了一起爆炸事件，机场大厅的花店遭到了恐怖分子袭击，虽然未造成人员伤亡，但恐怖分子声称他们还在机场里安放了另一颗炸弹。消息传开后，机场里的氛围顿时高度紧张起来。警察和机场人员立即进行了搜查，可是机场那么大，找了半天都没发现炸弹的影子。为免遭灾难的发生，航管当局不得不作出决定：将所有原计划降落拉斯帕尔马斯国际机场的航班全部转移到邻近的特内里费岛，同时警察和机场安全人员继续全力排除炸弹隐患。

这一突如其来的变故，使得特内里费岛上的洛司罗迪欧机场更加忙碌，飞机络绎不绝地飞来，机场上很快停满了转移而来的各国飞机。机场工作人员从未经历过如此大的场面，指挥调度渐渐感觉有些吃力，而机场上的秩序也慢慢变得混乱起来。

"拉斯帕尔马斯国际机场即将重新运行，请所有航班做好飞行准备！"当天下午 16 时左右，拉斯帕尔马斯国际机场传来好消息：恐怖分子安装的炸弹被成功排除，机场恢复正常，准备接纳所有的国际航班。得知这一消息后，洛司罗迪欧机场一片欢腾。

不过，这时天气已经发生了变化，一场乳白色的大雾正迅速向机场逼近。不一会儿，整个机场都弥漫了白茫茫的雾气。

惨烈的飞机相撞

大雾弥漫，机场上的能见度变得很差，这不但使飞机起降变得困难，同时也给塔台工作人员的调度指挥增加了难度。

下午 16 时 30 分左右，在雾气掩映下，一架隶属美国泛美公司的 PA1736 号航班慢慢向跑道滑去。这是一架波音 747—121 型客机，上面载有 396 名乘客。飞机刚刚滑了一半左右，飞行员忽然发现前面有一架体型更为庞大的客机拦住了去路。怎么回事？飞行员赶紧停止滑行，同时向塔台调度人员发出询问。

原来，前面的"拦路虎"是隶属荷兰皇家航空的 KLM4805 号班机，它一共载有 234 名乘客，同样因为炸弹原因被迫降落在了洛司罗迪欧机场。此时，KLM4805 号客机正在等待乘客登机——在接到起飞通知之前，飞机上的荷兰乘客都下机到候机室休息去了。

"你们赶紧调头，从第 6 路口绕道进入跑道。"塔台工作人员发出指令。PA1736 号客机飞行员摇了摇头，无可奈何地掉转方向，从第 6 路口慢慢向跑道滑去。

与此同时，KLM4805 号客机在乘客登机后，也开始向跑道缓缓滑去。不一会儿，飞机抵达了跑道的起跑点。"KLM4805 已经到达起跑点，现在是否可以起飞？"副机长用带有浓厚荷兰口音的英文向机场指挥塔请示。"OK，请待命，我们会通知你！"塔台指挥人员回答。

巧合的是，PA1736 号客机也到达了跑道，并且也在向塔台报告起飞的事情，由于信号被干扰，导致 KLM4805 号的机组人员只听到塔台工作人员说的"OK"，于是他们准备马上起飞。

大雾弥漫，机场上的一切都被遮盖得严严实实，塔台、PA1736 和 KLM4805 号客机都没有发现对方，直到 KLM4805 号客机高速奔驰起来后，机长才看到了前方横在跑道上的 PA1736 号客机。"跑道上怎么会有飞机？"机长大吃一惊，但这时已经不可能使正在加速起飞的飞机停下来了。为了避免两机相撞，他只得尽力让飞机侧翻爬升。伴随震耳欲聋的轰鸣声，庞大的飞机跌跌撞撞，机尾在地面上刮出了一个 3 米长的深沟后，终于离地而起，不过，刚离地的飞机还是扫中了 PA1736 号客机的机身中段。

现场发出"轰隆"一声巨响，在巨大的撞击力下，PA1736 号航班爆炸并起火，整架飞机断成了好几块，机上的乘客还没明白过来怎么回事，灾难便降临了。而 KLM4805 号客机在向天空爬升了几十米之后也失去控制，很快坠落在几百米之外的地面上，飞机当即爆炸。

一场史无前例的航空灾难就这样发生了：KLM4805 号客机上的 234 名乘客和 14 名机组人员全部遇难，而 PA1736 号客机上也有 321 名乘客和 14 名机组人员死亡，总共有 583 人死于这场灾难——这是直到 2001 年美国"911"事件发生前，因飞机引发的灾难中死伤人数最高的一起事故，也是迄今为止死伤最惨重的空难事件之一。

灾难警示

分析此次灾难的原因，我们不难看出，这是一起由客观因素和主观因素共同导致的灾祸。

客观的因素，是当天下午机场出现的大雾。特内里费岛是一个由火山喷发形成的岛屿，它主要由火山熔岩构成，这个岛气候较为干燥，地面植被稀疏，一旦太阳落山或阳光被云遮住，地面因辐射散热，近地层温度很快就会下降，特别是机场地面更是如此；而岛的四周被海水包围，在炙热的阳光照射下，海水蒸发形成水汽，这些潮湿的水汽进入岛屿后，一遇到冷却的机场地面，水汽就会迅速冷却饱和而形成大雾。3 月 27 日这天下午的浓雾正是这样形成的。浓雾的出现，可以说为灾祸埋下了伏笔。

主观的因素，首先与恐怖分子有密切关系，正是他们在加那利岛的拉斯帕尔马斯机场上安装炸弹，才导致了特内里费岛的洛司罗迪欧机场十分繁忙和紧张；其次，塔台调度指挥人员与两架客机飞行员之间的联络不清等，也是导致这起惨祸的原因。

这起惨烈灾难事件警示我们：在大雾笼罩、能见度很低的情况下，机场应立即关闭，所有飞机都不能再起飞和降落！

客轮沉没事件

大雾对海上交通运输的影响同样十分严重，船只一旦遭遇大雾，很可能便会迷失方向并酿成灾难。

2014年4月16日，韩国客轮"岁月号"便因大雾影响触礁沉没，造成近三百人遇难，这可以说是近年来大雾制造的最大海难事件。

客轮遭遇大雾

"呜——呜——"，2014年4月15日晚21时许，韩国西部的港口仁川，一艘客轮鸣响汽笛，缓缓驶出港口，向深黑的大海方向驶去。

这艘客轮名叫"岁月号"，船整体长145米，宽22米，可容纳921名乘客，是目前韩国同类客轮中最大的一艘。算起来，它的"年龄"已经不小了：这艘船于1994年在日本建造，2012年10月开始在韩国服役，至今已经超过20周岁了。

"岁月号"客轮主要承担往返仁川和济州的航线，它这次航行的目的地，正是韩国南部的旅游胜地济州岛。船上一共载有470余人，其中包括340名京畿道安山市檀园高中的学生和老师，以及24名客轮工作人员及其他乘客。此外，船上还载有100多辆汽车及1157吨货物。

驾驶"岁月号"客轮的，是一名69岁的代理船长，他执航仁川—济州岛航线已有8年时间了，是该公司执航大型客轮最有经验的三位船长之一。当天，"岁月号"原本是定于傍晚19时出发的，但由于海上大雾影响，船只不能航行，于是不得不等到21时许雾气稍为减弱才驶离港口。

尽管推迟了差不多两个小时才出发，船上的乘客们仍显得兴致勃勃，特别是天真烂漫的学生们。他们难得出来一趟，而且很多人都是第一次去济州岛游玩。憧憬着那里的蓝天白云、沙滩海浪，每个人的脸上都洋溢着幸福的笑容，有人还轻声唱起了欢快的歌曲。受学生们影响，船上的其他乘客心情也十分愉悦。

不过，船长却没有这么好的心情。此时海上的雾虽然消散了一些，但能见度仍不是很好。远远望去，海面上一片白茫。因为大雾影响，这天晚上许多客轮都取消了航行，"岁月号"本来也是可以取消航行的，但由于乘客们心情迫切，而且在船上已经等了几个小时，取消航行对他们来说比较难以接受，再加上自认经验丰富，船长还是坚持出发了。

在缥缥缈缈的雾气萦绕下，客轮平稳地向前航行。夜，渐渐深了，学生们的欢笑和喧闹慢慢归于平静，只听见海浪轻轻拍打船舷的声音。当客舱里的灯光全部熄灭后，船长也长长地打了一个呵欠，不过，疲倦的他却不敢入睡。他明白要完成这趟任务，自己丝毫都不敢大意。

经过一夜的航行，第二天天亮了，但呈现在船长和工作人员面前的，仍是一片白茫茫的世界——大雾不但没有消散，反而更浓了。雾气笼罩着海面，分不清哪是天空，哪是大海。此时，船长的心里不禁有些发怵，虽然在这条线路上航行了8年，但此刻他也搞不清方向了。

茫茫大海之上，船一旦失去方向便十分危险！船长强作镇定，他睁大双眼，指挥大副和其他工作人员驾驶客轮继续前行。

上午8时58分（北京时间7时58分），当客轮航行到全罗南道珍岛郡屏风岛以北20千米处海域时，船体突然猛烈震动起来，同时发出了一声惊天动地的巨响。

"糟了……"被震动摔倒在地的船长，大脑瞬间一片空白。

惨烈的灾难

"岁月号"客轮触礁了！

此时，船舱里还有一些人在睡觉，大部分人则在楼下的餐厅吃早餐，还有一小部分待在楼下商店和娱乐场所。巨响之后，船体迅速发生倾斜，很多人都滑向了一边。

电一下全停了，整个客轮上一片漆黑，哭叫声、求救声、呻吟声响成一片。

船体开始进水了！预感到大祸临头的船长赶紧和工作人员一起，一边向外发出求救信号，一边组织船上乘客逃难……

接到"岁月号"客轮的求救信号后，海上救援迅速启动。韩国海警和军队派出了72艘舰艇和18架直升机参与救援。在出事海域周边进行捕捞作业的渔船，也在第一时间参与了救援。此外，正在韩国西侧海域例行巡航的美军"好人理查德号"两栖攻击舰，也立即赶赴事发海域搜救。

雾浓，水深，暗礁丛生。在救援人员赶到之前，死神已经先一步到达了："岁月号"客轮浸水之后，先是发生侧翻，接着倾覆，而后船尾下浸、船首上扬，随后逐渐下沉，直至船头底部的球鼻艏消失——短短两个小时内，这艘吃水6825吨的客轮便完全沉没了。

海面上很快恢复了平静，"岁月号"搭载的476名乘客中，最终只有172人获救，其余的乘客不是遇难，便是失踪。

304条鲜活的生命这样被死神带走了，其中大部分是青春洋溢的学生！

"看见这么多学生遇险受难，我如此难过……这是一次悲剧事故。我想请你们倾注全力投入救援。"韩国总统朴槿惠当天在首尔指挥救援时沉痛地说。而学生们的家长在得知噩耗后，不禁痛哭失声。

应该说，获救的乘客是幸运的。在客轮侧倾阶段，一些乘客赶紧

穿上救生衣，爬上充气救生艇而得救，但另外一些乘客却因无法在船的侧面站稳，不幸滑入海水中遇难。还有很多乘客被困在楼下的商店、餐厅等地方无法逃生，有些乘客则是因为船舱内断电、门无法开启而遇难。

船长和部分船员侥幸逃生，但他们很快便被警察带走调查。

在生与死的选择面前，有人把生的机会留给了别人，而自己却义无反顾选择了死亡。在遇难者中，有一个叫朴智英的女孩，年轻美丽的她是"岁月号"客轮所属公司的一名职员，平时主要在客轮上担负广播工作。客轮侧翻后，她奋不顾身地冲进广播室，一遍又一遍地广播，叫乘客们赶紧避难。轮船一点一点地沉没，当她意识到自己该逃走时，已经来不及了。很快，海水涌进船舱，这名忠于职守的女孩与广播室一起，沉入了冰冷的大海之下。

这起惨痛的客轮沉没事件警示我们，海上航行一定要避开恶劣天气，事先应多了解天气预报，当未来会出现大雾或雾气尚未完全消退时，最好不要冒险出行。

高速公路车祸事件

雾天行车潜伏着巨大的危险，特别是在高速公路上，一旦发生车祸便十分要命。

2016 年 4 月 9 日，因大雾影响，山东境内的高速公路上发生了一起惨烈车祸，两货车追尾，一货车失控冲入对面车道，与一辆客车迎面相撞，导致8人死亡、17人受伤。

高速路上遭遇车祸

2016年4月8日上午10时许，一辆大巴车从西安出发，向山东方向驶去。

这是一辆卧铺客车，按照行程计划，它的终点是山东的威海市。客车上一共载有30多名乘客，其中大部分是威海一家旅游看房公司组织的看房团。几天前，这家公司在西安广泛宣传，召集了20多人前往山东威海市看房。乘客之中，年龄最大的60多岁，年轻一些的30岁左右，他们这次去威海市的目的主要是看海景房，当然了，大家也会顺带旅游一番。

出发时的天气很好，阳光明媚，春风和煦，想到这次能去威海旅游，并有可能在那里购买一套海景房，每个人的心情都十分愉快，谁也没有想到：一场惨烈的灾难正在等待着他们。

大巴车由两个驾驶员轮流驾驶，一路经过陕西、河南，当天晚上便进入了山东境内。深夜11时许，客车在山东胶州市高速公路服务区停了下来。"大家坐车都累了吧？休息一下再走！"坐在第三排的一名姓陈的年轻人对乘客们说。小陈今年27岁，是这次看房团的组织者，不久前，他刚刚入职该旅游看房公司，此次是第一次带看房团前往威海。

休息了半个小时后，大家上车继续前行。此时已经是第二天凌晨了，不知不觉，高速路上起雾了，雾气越来越浓。驾驶员放慢车速，小心翼翼地向前行驶。

大巴车又往前行驶了半个小时左右，此时车上的乘客们大都已进入了梦乡，小陈也抵抗不过睡意，准备睡觉了。正当他迷迷糊糊快要睡着时，突然之间，耳旁传来一声巨响，仿佛一颗炸弹在车内爆炸，还没明白过来是怎么回事，身上传来一阵剧痛。他睁开眼睛一看，面前的情形令他惊恐不已：车头和前面的两排座位掩埋在一堆瓷砖之中，而座位上的人全都不见了。

小陈还没从眼前恐怖的一幕中回过神来，车上便响起了一片混乱的哭喊声。出车祸了！他身体战栗着，慢慢向车后面爬去。

重大人员伤亡

借助微弱的光线，小陈看到大巴车被压变形，车门已经无法正常打开。乘客们惊慌失措，乱成一团。

"哗啦"一声，有人打破了车窗玻璃，从车窗里翻了出去。"我们的大巴出车祸了，快来救我们……"小陈赶紧拨打了"120"急救电话，随后又和车上的轻伤者一起，慢慢把压在瓷砖下的伤者往外抬。有些人从瓷砖下被抬出来时还有呼吸，但有的却完全没有了生命迹象，包括两名驾驶员，已当场死亡。

大约半个小时后，消防人员、交警以及120救护车都赶到了。小陈下车后，看到高速路上一片狼藉，到处都喷溅着血迹，路上还散落着很多瓷砖；距大巴车几米远的地方，一辆大货车靠栏杆停着，整个车头已经严重变形了。

这场惨烈的车祸，当场造成8人死亡，另有17人受伤！遇难者全是大巴车上的人员，除了两个驾驶员外，6个遇难者全是看房团的西安人。

"要是我当时坐在前面，肯定也难逃厄运了。"事后，小陈心有余悸地说。

而侥幸逃过灾难的乘客们同样感到后怕。一位姓隋的女士是陪姐姐一起来的，她原本计划到威海看完房后，好好在海边游玩一番，没想到在路上遭遇了这场恐怖车祸。大巴车出事时，她当时还没睡觉，正躺在铺位上看手机，突然"砰"的一声巨响，她感觉汽车像是爆炸了，紧接着，腿部一阵剧痛，很快便失去了知觉。从车内被救出来后，隋女士对这次的行程后悔不已，所幸的是，她的姐姐没有受伤，不过，姐妹俩都没有心情再去威海

了。"事发时就像噩梦一样，太可怕了！"她这样描述当时的情景。

灾难警示

这场惨烈车祸是怎么发生的呢？

原来，这天凌晨开始，一场大雾突袭山东大部分地区，受雾气影响，高速公路能见度很差。凌晨1时许，在大巴车相反的车道上，两辆大货车发生了追尾，一辆运送瓷砖的大货车碰上一辆集装箱货车后，失控冲向了对面车道，导致对面行驶过来的大巴车躲避不及，从而酿成了惨祸的发生。

大巴车上的司乘人员伤亡惨重，而两辆大货车上的司机也都受了重伤。

当时集装箱货车上有两名司机，他们是跑长途运输的，两人交换着轮流开。事发时，开车的是一名姓罗的司机，开着开着，他突然感觉车身被什么猛撞了一下，汽车踉踉跄跄地往前跑了十多米后，一下翻倒在路边的水沟中，他和同伴随即昏迷了过去。醒来后，他才知道是警察把他们从车底下救了出来。

而运送瓷砖的大货车司机也伤得不轻。当时，货车上只有他一个司机，拉着满满一车瓷砖，准备由蓬莱运往连云港。车行驶到事发路段时，由于大雾影响，能见度很差，当司机发现前面有一辆慢速行驶的货车时，减速已经来不及了。汽车重重地撞了上去，将前面的货车

撞翻后，又冲向对面车道，撞上了看房团的大巴车，酿成了重大人员伤亡事故，而运送瓷砖的货车司机也受了重伤。

这一事故警示我们，雾天行车必须小心谨慎，特别是雾气很浓时，一定要谨慎慢速行驶！

伦敦毒雾事件

雾气笼罩下，一座城市生灵遭到涂碳，成千上万人死于非命。1952年12月发生在英国伦敦的毒雾杀人事件，令全世界为之震惊。

这究竟是一场什么样的雾？它又给我们带来了怎样的启示呢？

毒雾弥漫伦敦

在"科学认识雾霾"一章中，我们已经讲过，作为英国首都的伦敦，是与美国纽约、法国巴黎和日本东京并列的世界四大城市之一，同时，它也是全球赫赫有名的雾都。由于所处的大不列颠岛与大陆分离，在北大西洋暖流和西风的大环流系统影响下，伦敦地区水汽充沛，空气十分湿润，再加上受地形影响，这里经常无风或风力较小，因此当地的雾日特别多（据统计，伦敦年平均雾日达到了94天）。

应该说，雾本身并不会杀人，它除了给人类出行带来不便外，并不会对生命构成什么威胁。制造这场杀戮的不是别人，正是人类自己。

英国是工业革命的发源地，18世纪，伦敦在工业革命的浪潮中兴起，但同时也使整座城市的污染和温室气体排放迅猛增长，生活在城市中的人们时刻面临着严重的生存危机。终于，这把悬在人们头顶的达摩克利斯之剑，在 1952 年 12 月上旬重重地落下。

这年的 12 月初，地处泰晤士河谷地带的伦敦市仿佛被装进了密封的玻璃瓶里，整座城市显得十分安静，连一点微风都没有。一连几天，气象站的风速表读数都显示为零，树的叶子几乎都没有摇动过一下。每天，雾像幽灵一般从山间河谷冉冉升起，将城市笼罩得严严实实——没有人想到，轻柔的雾也会是无情的杀手，它使美丽的伦敦成为了恐怖的毒岛。

大雾笼罩，再加上没有风，工业和生活排放的大量煤烟粉尘无法消散，越积越多，它们和湿润的水汽混杂在一起，积聚在近地面的大气层中，形成了可怕的毒雾。这些毒雾的颜色看上去令人不寒而栗，当年客居伦敦的老舍先生曾这样描绘这种烟雾："它们是乌黑的、浑黄的、绛紫的，以致辛辣的、呛人的。"毒雾开始只在部分地区出现，但很快便蔓延至整个市区。从 12 月 5 日开始，毒雾大面积笼罩伦敦，而空气中的污染物与雾混合在一起，彼此产生化学反应，使得污染物的毒性更强。4 天后，污染浓度增强了 10 倍，使得整个伦敦城犹如一个令人窒息的毒气室。

黑暗的星期日

12 月 7 日，毒雾发展到了最高峰，市中心能见度降低到了 5 米以下，呛人的烟味十分浓烈。在毒雾的肆虐下，伦敦仿佛成为了人间地狱，成千上万人在这一天悲惨死去。由于这天是星期天，因此被人们称为"黑暗的星期日"。

这一天的景象可以说十分恐怖，从早到晚，整个伦敦都被厚厚的雾霾笼罩，白天也像夜晚般漆黑一片。毒雾严重影响了交通和出行：在伦敦国际机场，因为能见度太低，大量航班被迫取消，一些原本可以躲过灾祸的人无法逃脱；泰晤士河上，水面被雾霾笼罩，船只无法通行，所有的客轮都停止了运行；在城市的大街小巷，虽然一辆辆汽车打开车灯小心行驶，但车祸还是接二连三地发生……毒雾还严重影响了人们的生活和娱乐，12月7日这天下午，伦敦市中心的莎士比亚剧场准备上演歌剧《茶花女》，然而刚刚演到第一幕，大量的烟雾便从门缝中无声无息涌入，很快，整个剧场变成了黑暗的世界，而浓烈的气味也呛得人几乎窒息，演员和观众们都受不了了，于是演出被迫匆匆中止，人们赶紧逃回了自己家中。

可是，烟雾无孔不入，家也绝非安全的避难所。在毒雾的肆虐下，一场可怕的疾病爆发了。仅仅4天时间，伦敦死亡人数便达到了4000多人。之后，又有8000多人陆续丧生。有些家庭由于父母双亡，导致孩子无人照看，于是，伦敦街头出现了成千上万的"雾都弃儿"，他们中的大部分也在毒雾缭绕之中悲惨死去。

在人类遭受毒雾祸害的同时，牲畜们也无法幸免。当时在伦敦，人们正准备举办一场盛大的牛展览，350头健牛从各个农村被挑选出来后，披红戴花地送往伦敦市区。然而，展览还没开始，这些百里挑一的健牛便惨遭劫难：52头牛严重中毒，一头当场死亡，另有14头奄奄待毙。其余的健牛也出现了不同的症状，牛主人一看情形不对，赶紧赶着自家的牛跑了。

灾难警示

这场空气污染制造的毒雾，导致12000多人死于非命，这就是骇人听闻的伦敦毒雾事件。

这场污染灾难，既有天气气候的原因，也有人为的因素。首先，是天气气候条件形成了浓雾，当时伦敦城市上空至南英格兰一带有一大型移动性高压脊生成，这使得伦敦市一直处于高气压中心。在这个气团的控制下，市区连续几天无风，在充沛的水汽条件下，处于河谷地带的伦敦城出现了浓密大雾。其次，是近地气温出现了反常的逆温层现象，逆温层就像一个厚厚的大锅盖罩在城市上空，使得近地层的污染物无法通过空中进行排散。第三，生活和工业排放了大量的煤烟和粉尘，这些污染物在无风状态下蓄积不散，大量弥漫在空中，从而酿成了灾祸。据专家介绍，煤燃烧生成的水、二氧化碳、一氧化碳、二氧化硫、二氧化氮和碳氢化合物等物质排放到空气中后，就会凝聚在雾上，它们一旦进入人的呼吸系统，就会诱发支气管炎、肺炎和心脏病或加速慢性病患者的死亡。在这次毒雾事件中，大部分人正是死于呼吸道感染和心脏病。

这次毒雾事件，给全球如何防止空气污染敲响了警钟，包括英国在内的许多国家随后都出台了一系列的空气治理法案，如限制工业用煤和民用煤炭的规模，规划城市绿地，对汽车进行尾气改造处理等。而伦敦市在灾难后更是大力推行《空气清净法案》，在市区部分地区禁止使用会产生浓烟的燃料。今天，这座大都市的空气质量已得到了明显改观。不过，六十多年前的那场灾难仍时刻警示着人们：保护环境，就是对自己的生命负责！

洛杉矶烟雾事件

光化学烟雾，是在强烈阳光紫外线照射下，汽车尾气和工业废气发生光化学反应形成的浅蓝色烟雾。它一般发生在湿度低、气温在24℃～32℃的夏季晴朗的中午或午后。

这种光化学烟雾含有剧毒，在美国洛杉矶市，就曾经发生过几起光化学烟雾事件，给当地居民造成了很大伤害。

不再温柔的城市

洛杉矶市位于美国加利福尼亚州西南部，是加州第一大城市，被人们称为"天使之城"。之所以其享有这样的盛誉，主要有几方面的原因：第一，这里西面临海，三面环山，整个地形看起来像一把中国古人制造的太师椅，而洛杉矶市，则像一个婴儿安稳地静卧在太师椅中，这样的地理地形可谓得天独厚；第二，这里阳光明媚，气候温暖，风景宜人。洛杉矶属于典型的地中海型气候，全年气候温和，干燥少雨（只有冬季降雨稍多），日照充分，风景旖旎，十分适合人类居住；第三，洛杉矶市濒临海边，早期金矿、石油和运河的开发，使它迅速崛起，成为了全美商业、旅游业都很发达的港口城市。

19世纪末至20世纪初，洛杉矶已成为了一座特大城市，而到了20世纪20年代，电影业和航空工业聚集在洛杉矶，更进一步促进了它的发展。这时的洛杉矶市空前繁荣，著名的电影业中心好莱坞和美国第一个"迪斯尼乐园"都诞生于此。

不过，洛杉矶的繁华背后却潜藏着致命的危险。从1941年开始，人们便发现这座城市发生了变化：夏季本是洛杉矶最美好的季节，然而从这年的夏天开始，天空一改过去的温柔与和顺，转而变得暴躁和疯狂起来。

整个夏天，人们都在郁闷和痛苦中度过：只要是晴朗的日子，城市上空便会出现一种弥漫天空的浅蓝色烟雾，这种烟雾不但使整座城市变得浑浊不清，而且使人体出现许多不适，比如眼睛发红、咽喉疼痛、呼吸憋闷，以及头昏、头痛等。浅蓝色烟雾一直持续，直至秋天到来才结束。

沉浸在大都市繁华中的人们，很快便把这事抛到了脑后。直至第二年夏天，浅蓝色烟雾再次出现后，又一次把人们带进了噩梦之中。这年的烟雾更加可怕，它不但使居住在城市里的人痛苦不堪，甚至城外的植物也遭了殃：在远离城市 100 千米以外，一座海拔 2000 米的高山上，大片松林因烟雾影响而枯死，而在洛杉矶周围的农村，柑橘也出现了大幅减产，导致果农们当年的收入锐减。

杀人的烟雾

浅蓝色烟雾，像恶魔般紧紧缠上了洛杉矶这座城市。每年夏天，它都会在城市上空出现，令人们苦不堪言。

开始几年，烟雾只是引起人体不适，但随着时间推移，它终于露出了狰狞魔爪！

1955 年 9 月，洛杉矶已经入秋，但气温仍居高不下。一天早上，一名叫杰弗森的市民起床后，到公园去散了一会儿步。杰弗森已经七十多岁了，他年轻时当过牛仔，挖过金矿，积攒了一笔钱后，选择了洛杉矶作为人生最后的驿站。时间匆匆一晃而过，他在这里已经居住了十多年。在这十多年中，他几乎年年与烟雾作斗争：每年夏天的中午和午后，他都闭门不出，以躲避那可怕的蓝色烟雾。

尽管小心谨慎，但烟雾还是让他很受伤，夏天一到，他就会咳嗽不停，眼睛也流泪不止，有时还会头痛。他曾想过搬离洛杉矶，但一来年龄大了，不想再折腾，二来自己孤身一人，在洛杉矶还有一些熟人和朋友，若一旦搬到外地，那就真成孤家寡人了。

在公园里，杰弗森碰到了老朋友詹姆斯。两人坐在公园长椅上聊了一会儿后，太阳出来了。随着气温逐渐升高，他们发现城市上空又出现了浅蓝色烟雾。

"我得回家了,"杰弗森"咳咳"地咳嗽了几声说,"今天的烟雾比往天都出现得早,咱们都得保重呀!"

"是,保重吧,老伙计!"詹姆斯也咳了一下,他拍了拍杰弗森的肩膀说,"走吧,我也要回家了。"

杰费森回到家,吃过午餐后,他不经意间透过窗户玻璃向外望去,只见外面的世界几乎被烟雾包裹了起来,远近的高楼、街道、大桥、车流全都模糊不清,就连天空也变成了淡蓝色的了。

"今天的烟雾这么厉害!"杰费森大吃一惊,过去从没见过如此可怕的景象,他连忙找了些破布,把窗户和大门的缝隙堵了起来。

不过,无论怎么堵,时间久了,室内还是充溢着一种呛人的气味,这种气味令他咳嗽不停,头也越来越痛。到了傍晚,他终于坚持不住,拨打了医院的急救电话……

这一天,洛杉矶的各大医院患者大增,来看病的大多是65岁以上的老人。在这里,杰弗森又见着了他的老朋友詹姆斯。詹姆斯的情况比杰弗森还要糟糕,他咳得十分厉害,不停地大口喘气……这天晚上,詹姆斯没能熬过去,深夜11点多便停止了呼吸,而杰弗森则坚持到了第二天中午,随着一波更可怕的烟雾笼罩全市,他咽下了最后一口气,永远闭上了双眼。

短短两天时间内,在重度烟雾和高温的双重夹击下,洛杉矶有400余人因呼吸系统衰竭死亡,他们几乎全是65岁以上的老人。而活着的人,有很多出现眼睛痛、头痛、呼吸困难等症状。

此后的1970年,洛杉矶再次遭到重度烟雾袭击,全市有75%以上的市民患了红眼病。

洛杉矶的这几起灾难，就是最早出现的新型大气污染事件——光化学烟雾污染事件。

灾难警示

光化学烟雾污染是怎么形成的呢？

原来，罪魁祸首是洛杉矶市迅速增多的汽车。作为美国最繁华的城市之一，这里的汽车数量十分惊人。1940 年，全洛杉矶市便拥有汽车 250 万辆，它们每天要燃烧掉 1100 吨汽油，排出 1000 多吨碳氢化合物、300 多吨氮氧化物和 700 多吨一氧化碳。除了汽车，还有炼油厂、供油站等也在大量排放废气。而由于地形的原因，洛杉矶空气不畅通，无风或微风的时间很多，这些污染物因此不能及时排放出去，它们堆积在近地面空气中，在太阳紫外光线照射下引起化学反应，从而形成了浅蓝色烟雾。

洛杉矶的光化学烟雾事件，很早便引起了整个美国的重视和关注。1947 年，洛杉矶市民划定了一个空气污染控制区，专门研究污染物的性质和它们的来源，探讨如何才能改变现状。1970 年，光化学污染事件再度发生后，直接催生了美国《清洁空气法》的制定和实施。经过近几十年的治理，尽管洛杉矶的人口增长了 3 倍、机动车增长了 4 倍多，但该地区发布健康警告的天数却从 1977 年的 184 天下降到了 2004 年的 4 天。

依靠法治保护环境，才能达到应有的效果，这可以说是洛杉矶事件给予我们的最大启示。

马斯河谷烟雾事件

大雾与工业废气结合造成的惨案，随着人类工业革命的兴起，可以说层出不穷，这其中最早记录下的大气污染惨案，要数 1930 年 12 月发生在比利时马斯河谷的烟雾事件。

这起事件导致 60 多人死亡，数千人生病，它带给人类的影响不可忽视。

工厂云集的河谷

比利时是欧洲一个面积不大的国家，国土面积 3 万多平方千米，比中国的成都平原大不了多少。全国陆地的三分之二都是丘陵和平坦低地，最低处比海平面还低。由于受沿岸流经的北大西洋暖流影响，这里全年温和多雨，气候湿润，秋冬季节常会出现弥天大雾。

与许多欧洲国家一样，比利时也是一个高度发达的资本主义国家，20 世纪 30 年代，该国的工业已进入了高速发展的时期。马斯河谷工业区，便是比利时一个比较重要的工业集中地。顾名思义，马斯河谷是马斯河旁一段长 24 千米的河谷地段，这一段位于列日镇和于伊镇之间，两侧的山大约有一百米高，中间是一小片平坦的盆地。而在这片平坦的低洼土地上，分布着许多重型工厂，它们包括 3 个炼油厂、3 个金属冶炼厂、4 个玻璃厂和 3 个炼锌厂，此外，还有电力、硫酸、化肥等工厂和石灰窑炉。

这些工厂密密麻麻地挤在一起，每天，它们争先恐后地吐出浓烟和废气，并排出大量废液和废渣。远远望去，山谷里白气翻腾，浓烟滚滚，空气中弥漫着强烈的呛人气味；俯视河里，河床流淌的是混合了废液的浊黄色河水，看上去令人触目惊心。

尽管环境很糟糕，但这片河谷内却人烟稠密，居住着几千名工人及其家属。这些人大多是当地的农民，原本过着无忧无虑的农耕生活，可是工厂的建设打破了他们内心的平静，他们很快离开农村，走进工厂当了工人。在挣工资的同时，他们操纵机器，产生了大量浓烟和废液，亲手毁坏了自己美丽家园的生态环境。

大自然是慷慨的，你爱护它，它就会给予你衣食住行和身心健康；大自然又是无情的，你破坏它，它就会疯狂报复，让你痛苦甚至是付出生命的代价。

大自然的报复，在1930年12月很快到来了，可是，河谷里的数千人却始终被蒙在鼓里，谁也没有想到死神即将来临。

黑色的一周

1930年12月1日开始，整个比利时都出现了反常气候，全国被弥天大雾笼罩，到处一片白茫。而马斯河谷的雾气更加浓厚，几十米之外便不见人影，工厂的厂房、烟囱、生活区等全都模糊不清。

然而，就是在这样的大雾笼罩下，整个马斯河谷的工厂仍然在高速运转，由于抵近年底，许多工厂为了完成年初制定的任务，不得不加大马力全力生产。一只只烟囱喷吐出黄的、白的、黑的烟雾，与乳白色的雾气融合在一起，形成了可怕的毒雾。

毒雾像张牙舞爪的魔鬼，恶狠狠地向制造它们的主人——马斯河谷的工人们发起了攻击。

34岁的卡米耶，当时是马斯河谷一家金属冶炼厂的工人，与大多在这里干活的人们一样，他原本也是当地的农民。第一批工厂在河谷里建起来后，年轻力壮的卡米耶很快便成为了一名工人。与世代相传的农活相比，工厂里的活一点都不轻松，甚至可以说还比较繁重，但在这里干活的收入却是农活远远不可比拟的，为此，卡米耶的妻子和两个弟弟也先后来到这里，妻子在一家化肥厂上班，而两个弟弟一个在炼油厂，一个在硫酸厂。

12月1日这天，卡米耶在冶炼厂上了一天班后，筋疲力尽地回到了工业区的家中。走进家门，他发现妻子已经先一步回来了，正在厨房忙碌着做晚饭，他们七岁的儿子则在昏暗的灯光下做作业。

"咳、咳"，厨房里传来妻子压抑的咳嗽声。卡米耶走进去帮忙，妻子指了指自己的脑袋告诉他："今天不知怎么回事，下午便有些胸痛，有一种想咳又咳不出的感觉。"

"你是不是感冒了？"卡米耶关切地说，"赶紧吃点药吧！"

"嗯，我等会儿去吃药。"妻子勉强笑了笑。

"妈妈，我也要吃药，"儿子跑进来，咳嗽了一下说，"我也感冒了。"

"好吧，等会儿给你吃……"

第二天，大雾仍然笼罩着河谷。卡米耶一早起来后，便匆匆赶去工厂上班。这天他工作到傍晚6点左右，走在回家的路上，突然胸口开始隐隐痛了起来，并且有一种恶心想吐的感觉。

莫非我也患了感冒？卡米耶摸了摸自己的胸口，匆匆忙忙回到家中。进门之后，发现妻子已经把饭做好了，但她和儿子都比昨天咳得更厉害了。

"我们厂有好多人都感冒了，特别是女工们，"妻子告诉他，"她们也和我一样，胸痛、咳嗽、流泪。"

"嗯，明天一早去看看医生吧……"卡米耶一边吃饭一边回答。

第三天，大雾更加浓厚了，雾气像一层厚厚的棉被覆盖在整个工业区上空。天空昏暗，白天变得像傍晚一般。这天下午，卡米耶正在

厂里干活时，突然传来一个不好消息：他妻子上班时昏倒，送医院去了！

卡米耶赶到医院，发现前来看病的人特别多，而且大家的症状几乎一致：流泪、喉痛、咳嗽、呼吸短促、胸口窒闷、恶心、呕吐……而医生诊断的结果并不是感冒！

更可怕的是，这一天，整个河谷地区的几千居民都生了病，并有60多人先后死亡，为同期正常死亡人数的10.5倍。与此同时，许多家畜也患了类似病症，而且死亡的也不少。

出大事了！包括卡米耶在内的河谷居民，内心都深感恐惧起来，大家都不敢去上班了。

灾难警示

马斯河谷事件发生后，政府立即组织有关部门进行了调查，但一时却不能确证致害物质。有人认为是氟化物，有人认为是硫的氧化物，专家们的说法不一。之后，有专家又对当地排入大气的各种气体和烟雾进行了研究分析，排除了氟化物致毒的可能性，认为硫的氧化物——二氧化硫气体和三氧化硫烟雾的混合物是主要致害物质。

专家指出，事件发生时工厂排出的有害气体在近地表层积累，当时大气中二氧化硫的浓度达到了25～100毫克每立方米，加上空气中存在大量的氮氧化物和金属氧化物微粒，这些污染物会加速二氧化硫向三氧化硫转化，它们通过人体呼吸道进入体内后，从而引起感染甚至死亡。

专家还指出，在马斯河谷烟雾事件中，地形和气候扮演了重要角色：由于该地区是一个狭窄的盆地，这样的地形很容易导致逆温层出现。事件发生时，河谷上空出现了一个很强的逆温层。这个逆温层像一口巨大无比的锅盖罩在马斯河谷上空，使得下面的雾气无法升腾到空中，空气也不能形成对流，因而大气中的烟尘积存不散，这些污染物在逆温层积蓄起来，于是造成了大气污染。据了解，该地区过去也有过类似的气候反常现象，但为时都很短，后果也不严重。如1911年的发病情况便与这次相似，但那次却没有造成人员死亡。

这一事件警示我们：第一，工业区的布局和选址，一定要考虑地形和气候影响，千万不可随意和马虎；第二，污染性工厂的废气、废水等排放应作严格控制，不可随意排放到大自然中；第三，当大雾笼罩、逆温层出现时，所有工厂都应停止生产。

多诺拉烟雾事件

1930年比利时马斯河谷的烟雾事件，一度引起了全球关注，许多工业国家引以为戒，对本国的污染性工厂进行了一系列的改进和整治。

不过，时隔18年后，马斯河谷烟雾事件再度重演——1948年10月，美国宾夕法尼亚州的多诺拉小镇因为工业烟雾污染，导致6000余人患病，其中20多人不幸死亡。

危险的小镇

宾夕法尼亚是美国东北部的一个州，这个州是全美重要的工业基地之一，主要有冶金、纺织、化工、机械制造、金属加工、造船、电子、电气等，其中钢铁工业尤为突出，钢产量约占全国的四分之一。该州西南部的匹兹堡市，是全国最大的钢铁工业中心，享有"世界钢都"的称号。

多诺拉小镇，位于距匹兹堡市南边 30 千米处的一个山谷里，它坐落在一个马蹄形河湾内侧，两边都有一座高约 120 米的山丘——从地理地形来看，小镇可谓得天独厚，两座山岳宛如遮风挡雨的巨大屏风，又仿佛两只巨手把小镇揽在怀中，使得这里的岁月恬静而安详；从镇前流过的小河欢快而灵动，又给这里的一切增加了曼妙的风景。千百年来，小镇上的人们日出而作，日落而息，过着平静淡泊的安逸生活。

然而，小镇的一切，在工业发展的浪潮面前被迅速改变了。自从第一座工厂在这里建立后，几年之间，越来越多的工厂出现在小镇周边，钢铁厂、炼锌厂、硫酸厂……它们像雨后春笋般大量涌现，成片成片的厂房占据了良田沃土，而高高的烟囱则划破了湛蓝的天空。每天，这些厂房里都会发出"轰轰"的嘈杂声，而烟囱则不断地向空中喷烟吐雾，空气里时常充斥着一种难以形容的怪味。刚开始，镇上的居民很不适应这种气味和嘈杂的声音，但时间一长，大家也就习以为常了。

镇上的居民一共有一万四千多人，他们中的一小部分是原住民，大部分则是随着工厂搬迁而来的工人及其家属。应该说，工厂的大量建设一方面破坏了生态环境，但另一方面也给小镇带来了繁荣和经济发展。小镇的原住民们有的进了工厂打工，有的利用自家房屋开餐馆、开理发店、开服装店……有酒喝有肉吃的小日子过得优哉游哉，谁也没有意识到危险就在身边。

暴病成灾

与许多在盆地临河而居的小镇一样，多诺拉小镇也有一个鲜明的特点：雾多。

每年秋季，这里时常会生成漫天大雾。乳白色的雾气笼罩着山丘、树林和房屋，使得小镇看上去缥缥缈缈，景象美不胜收。起雾的时候，镇上的人们会感到空气更加糟糕，有一种不太舒服的感觉。不过，由于雾持续的时间并不长，所以并未引起大家的重视。

1948 年 10 月 26 日一早，小镇的人们起床后，发现天空阴云密布，一丝风也没有，而天气却又湿又冷，令人很不舒服。到了中午，天空的阴云不但没有散去，反而更加浓厚了，令人不安的是，雾气开始起来了，不一会儿，整个小镇便被包裹在了白色的大雾中。

小镇上的人们并没有惊慌，因为按照以往的经验，这场雾第二天就会散去，于是，大家对这场雾并没有过多关注。小镇四周的工厂也照常生产，烟囱照样喷吐出大量的黑烟和白气。

可是，这一次的反常天气出乎了所有人意料。从 26 日开始，雾气便不再消散。连续数日的大雾天气，使得多诺拉镇看上去格外昏暗。能见度低得可怕，除了烟囱之外，工厂和房屋全都消失在了烟雾之中。每天，小镇的天空似乎还未完全亮开便又到了夜晚。这样暗无天日、形如地狱般的生活，让每一个人都快要崩溃了。

不过，比大雾更加可怕的，是空气中令人作呕的刺鼻气味。这种气味比任何时候都要浓郁，也更让人无法忍受。到了第三天，天气仍然没有什么变化，雾气仍是那么的浓厚，唯一有变化的是雾中的污染

物越来越多，刺鼻气味越来越重。这一天，小镇上有些人突然生了病，并且病人们的症状几乎一致：眼睛流泪、咽喉疼痛、流鼻涕、咳嗽、头痛、四肢乏倦、胸闷、呕吐、腹泻等等。患病的人越来越多，到了后来，全镇 1.4 万人中，有 6000 人患病，生病人数几乎占了全镇总人口的一半。那几天，小镇医院人满为患，医生忙碌不停，药品很快便用光了，于是不得不赶紧去外地进药。

患病的 6000 人中，有二十余人不幸死亡。死者年龄多在 65 岁以

上，他们大都原来就患有心脏病或呼吸系统疾病——这种情况与当年的马斯河谷事件十分相似。

大雾一直持续到 10 月 31 日才消散，当烟雾散尽后，整个小镇死气沉沉，病人们不停呻吟，而那些失去亲人的家属则悲痛不已。

灾难警示

多诺拉小镇的这一事件，可以说就是1930年马斯河谷烟雾事件的翻版。

从客观上来说，10 月 26 日～31 日，多诺拉小镇不但由于空气潮湿而生成了大雾天气，其上空也出现了逆温现象。在逆温层笼罩下，天空被阴云占据，空气不能上下垂直对流，因此连一丝风也没有，这为污染物的积累奠定了基础。从主观上来说，这次的烟雾事件也是一种人祸。在大雾和死风状态下，工厂的烟囱没有一天停止排放，它们就像要冲破凝住了的大气层一样，不停地喷吐烟雾。这些烟雾不但含有二氧化硫等有毒有害物质，而且还含有对人体极其不利的金属微粒。它们在无风状态下，大量聚集在山谷中，积存不散，并且附着在雾滴上，严重污染了大气。人们在短时间内大量吸入这些有毒害的气体后，便会引起各种症状，以致暴病成灾。

多诺拉小镇的烟雾事件，再一次给人类敲响了环保警钟，而美国科学家更是高度关注，经过分析和统计，他们发现全世界每年排入大气的有害气体总量为 5.6 亿吨，其中一氧化碳 2.7 亿吨，二氧化碳1.46 亿吨，碳氢化合物 0.88 亿吨，二氧化氮 0.53 亿吨；作为世界头号工业大国，美国每年因大气污染死亡的人数高达 5.3 万多人，其中仅纽约市就有 1 万多人。为此，美国一些重工业地区在多诺拉烟雾事件后开始进行污染治理，避免了更多无辜群众的死亡。

环保就在身边，我们每个人都必须为之努力！